U0723526

建筑工程施工与项目管理

冀小辉　林晓兵　于　侠　主编

吉林科学技术出版社

图书在版编目（CIP）数据

建筑工程施工与项目管理 / 冀小辉，林晓兵，于侠
主编．-- 长春：吉林科学技术出版社，2020.11
ISBN 978-7-5578-7911-2

Ⅰ．①建… Ⅱ．①冀… ②林… ③于… Ⅲ．①建筑工
程－施工管理 Ⅳ．① TU71

中国版本图书馆 CIP 数据核字（2020）第 226428 号

建筑工程施工与项目管理

主　　编	冀小辉　林晓兵　于　侠	
出 版 人	宛　霞	
责任编辑	邓长宇	
封面设计	李　宝	
制　　版	宝莲洪图	
幅面尺寸	185mm×260mm	
开　　本	16	
字　　数	210 千字	
印　　张	9.75	
印　　数	1-500 册	
版　　次	2020 年 11 月第 1 版	
印　　次	2020 年 11 月第 1 次印刷	
出　　版	吉林科学技术出版社	
发　　行	吉林科学技术出版社	
地　　址	长春净月高新区福祉大路 5788 号出版大厦 A 座	
邮　　编	130118	

发行部电话 / 传真　0431—81629529　　　81629530　　　81629531
　　　　　　　　　　　81629532　　　81629533　　　81629534

储运部电话　0431—86059116

编辑部电话　0431—81629520

印　　刷　北京宝莲鸿图科技有限公司

书　　号　ISBN 978-7-5578-7911-2

定　　价　50.00 元

前　言

本书针对建筑工程施工项目管理中存在的问题，进行综合的分析，并结合建筑工程实际情况，简要介绍了提升建筑工程施工项目管理创新水平的重要性、建筑工程施工项目管理特点，如工作难度较大、不确定因素比较多、系统性较强等等，提出建筑工程施工项目管理的创新措施，希望能够为有关人员提供帮助。

在建筑工程施工中，管理至关重要。管理工作耗时长，其工作流程较为复杂，这也决定了建筑工程具有一定的管理难度。随着建筑行业不断发展，对建筑工程管理提出了更高的要求。若想使建筑企业能够长期健康地发展下去，需严格按照相关的管理要求实施作业，进而确保建筑工程施工质量符合标准。

建筑单位如果想要获得长远的发展，就需要对工程管理进行创新，创新的第一步就是要实现理念创新，因为只有理念得到创新，才能更好地指导操作。所以要促进大家对工程管理模式创新的重视度，认识其重要性，改进传统的管理方式，引进先进人才；在模式管理上要创新，要探索，要高度地重视，在工程管理中随时树立起创新的思维理念，并将其运用于工作中，将创新观念与长远的目光相结合，要制定出与当前实际相结合的计划，满足企业发展现状，改变传统管理模式，才能为企业创造出新的工程价值，保障工程和企业的利益，发挥出建设项目的最大价值。

综上所述，要想做好建筑工程管理，必须要认识到创新的重要性。因此，在新时代背景下，建筑企业要在宣传和培养创新意识的同时，全面探索工程管理工作，并确保其能掌控建筑施工的质量、进度及安全等内容，而后有效结合先进技术理念，培养有先进技术和高管理水平的人才，只有这样才能为建筑业稳步发展提供有效依据。

目　录

第一章　建筑工程概述

第一节　建筑工程的现状

本节以建筑工程为研究对象，以建筑工程管理现状以及控制措施为研究目标。首先对我国建筑工程施工的管理现状进行了分析，分析发现：建筑工程施工管理意识薄弱、管理手段单一、管理机制不完善，且管理水平较低。其次针对建筑工程施工管理存在的问题，提出了建筑工程施工中应采取的控制措施，如强化对建筑工程施工过程中的管理意识、构建一套行之有效的建筑工程管理体系，建立健全管理机制、组建一支专业性、有效率的建筑工程管理团队，提高管理水平、加强建筑工程施工过程中质量控制等，希望能够给建筑工程施工单位带来一定的帮助作用。

对于整个建筑工程的施工来说，工程管理不仅关系到其质量的好坏，而且对于其工程造价来说也至关重要。就目前来看，随着生活水平和质量的逐渐提升，人们越来越注重建筑工程的施工质量，而相应的就提高了对工程质量的要求，因此引起了相关管理人员对于建筑工程管理工作的重视力度。但是在实际工作中，仍然存在很多管理上的问题，给建筑工程施工进度以及施工质量带来极大的影响。因此，分析和研究建筑工程管理现状和控制措施将具有十分重要的现实意义。

一、建筑工程施工过程中的管理现状分析

（一）建筑工程施工管理意识薄弱

很多施工单位为了追求工程进度以及企业利润最大化，而忽视了施工管理以及施工质量。很多建筑施工企业将工程管理工作视为一种多余的成本付出，因此大量削减了管理方面的工作人员，甚至有的企业并没有在建筑工程施工的过程建立管理部门，从而导致施工过程得不到有效控制。再加上建筑单位的管理层意识不到工程施工管理的重要性，因此也不重视对工程的管理，仅仅是一味追求施工技术、施工方法，片面地认为只要施工技术高，就能够顺利完成建筑工程项目，这很明显的就是对工程管理认识不足。

（二）建筑工程管理机制不完善

不健全的建筑工程机制对于整个建筑工程施工过程来说就不能实现很好的约束力。面对建筑工程现代化发展，其工程管理的方法和模式不能满足要求，缺乏一套行之有效的管理体系，从而导致施工效率低下，建筑工程质量存在问题。另外，如果没有完善的管理机

制，任意变更工程施工计划，就会影响整个工程造价。

（三）建筑工程管理手段单一，且管理水平较低

基于建筑工程管理手段而言，在对建筑工程施工进行管理的过程中，大部分建筑企业都是采用传统的行政管理手段，且对这种管理方式过分依赖，导致其管理制度不详细、不明确，也很难落实到具体工作中去。另外，建筑工程施工过程中的管理人员，从理论上来说应当是建设技术、工程质量的监管人员，因此对其综合素质以及专业能力的要求比较高。但是在我国建筑工程实际施工中，很多建筑施工管理人员都是直接从施工人员里面选出来的，或者是兼职和挂职的人员，且没有专业的管理知识和技能。因此由于能力问题而做出一些错误决定，导致建筑施工安全事故的发生。

二、建筑工程施工过程中的控制措施

（一）强化对建筑工程施工过程中的管理意识

要想实现建筑工程管理对建筑企业经济效率的促进和提升作用，就要对建筑工程管理工作进行深入研究，而管理层更要重视管理工作，关注建筑工程管理工作对整个工程质量的影响以及其与企业经济效益的联系。可以通过定期举行工程管理研讨会的方式来强化建筑施工过程中的管理意识，分析建筑行业所面临的经济大环境，并对建筑工程先进的管理观念和管理方法进行研究，将建筑工程管理观念深入到每个员工的思想里，增强他们的管理意识，为建筑工程施工中进行有效的管理而奠定基础。

（二）构建一套行之有效的建筑工程管理体系，建立健全管理机制

传统的建筑工程注重以不变应万变的管理模式，但是这种管理模式下的管理体系缺乏一定的弹性，因此应当构建一套行之有效的建筑工程管理体系，使其能够充分发挥管理工作的实效和作业。首先，结合建筑工程的具体特点，采用先进的建筑工程管理理念，制定科学高效且具备专业性和技术性的管理机制；其次，国家要建立健全相关法律规定，使得建筑工程管理能够根据国家法律来科学进行；还有，建筑工程施工的用工管理机制要具备一定的弹性，采取内部竞标方式，来确保工程施工进度和施工质量；另外，要构建一个具备灵活性的工程管理机构，该机构要实现明确的分工，对于管理层次做出的决策进行成本上的缩减，并将管理计划落实到实处，从而提高建筑工程管理的水平。

（三）组建一支专业性、有效率的建筑工程管理团队，提高管理水平

在建筑工程施工过程中，除了施工队伍要具备一定的专业技术之外，管理人员同时也应当具有一定的专业性和管理能力，只有组建一支专业性、有效率的管理团队，建筑工程施工才能够顺利进行，其施工质量也能够有所保障。因此，建筑企业应当根据实际情况组建工程管理团队，并加强管理制度的执行力度。在建筑工程施工过程中，要明确每个管理人员的管理职责，提高管理团队工作的效率和稳定性。同时，对建筑工程管理人员进行定期培训，提高其专业性和工作技能。要保证建筑工程管理人员拥有先进的工程管理理念，从而能够运用先进的管理模式来对建筑工程施工进行有效控制和管理。

（四）加强建筑工程施工过程中质量控制

在建筑工程施工过程中，要对隐蔽工程进行重点监督检查，完善各项检查制度，并提高对工程变更情况的重视力度。建立健全管理机制，完善工程变更管理机制。建筑工程管理人员要对提交上来的工程变更计划进行认真审核，对于符合要求的建筑工程变更计划给予及时的批准和签发，并做好档案记录，从整体上来提高对建筑工程施工中的质量控制。

综上所述，建筑工程管理工作对于整个建筑工程的质量和安全施工来说都是非常重要的。因此，必须强化对建筑工程施工过程中的管理意识，构建一套行之有效的建筑工程管理体系，建立健全管理机制来提高其管理水平，这样才能够保证建筑工程企业又好又快的发展。

第二节　建筑工程质量控制

建筑工程的质量关系到国家经济发展和人民生命财产安全，质量是建筑本身的真正生命。但是，在建筑施工过程中，任何一个环节出现问题，都会给工程的整体质量带来严重的后果。我国目前房屋建筑工程中存在的质量问题，是由于诸多因素混生互动、恶性循环、相互影响的结果。

质量重于泰山，它关系列国计民生，是一个企业信誉的保障、生存与发展的关键。建筑工程的体形大、工期长、工艺复杂等特点就决定了影响质量的因素很多，如地形、地质、水文、气象、材料、机械、施工工艺、操作方法、技术措施、管理制度等均直接影响着工程项目的施工质量，因此容易产生质量问题，由此质量控制就显得极其重要。这就要求我们应该具有优秀的管理人才、科学的管理手段，树立顾客至上，持续改进，创工程质量品牌的方针。

一、影响建筑工程施工质量的因素

在建筑工程施工的过程中，影响施工质量的因素很多，但是人、物、法是贯穿于工程始末，并且影响力最为重要的因素，所以下面主要从这三个方面来阐述。①人的因素。人是参与工程建设的主要因素，也是工程施工的直接参与者，对于工程质量的影响程度最深，任何一道程序的质量控制都需要人来操控，对于整个工程的质量起到了组织、指挥和检验的作用。人的因素主要包括管理人员、施工人员以及服务人员。管理人员对整个工程的操作流程进行组织和操控，主要负责工序的协调、人员和机械的配置以及质量检验等工作，在质量控制方面起到了统筹规划的作用。而施工人员是工程施工的直接执行者，应该严格按照规范要求执行，严禁随意更改设计程序，对于工程的施工质量有重要的影响。而服务人员就是为工程的顺利进行提供基础保障以及创造良好环境的人员，也是不可忽视的一个因素。②物的因素。物的因素主要包括施工过程中所需要使用的施工材料以及机械设备，施工材料的质量控制尤为关键，直接关系到整个工程的施工质量。所以要加强对施工材料的质量控制，从材料的选购开始就要高度重视质量标准，在材料进场时要进行检验，发现不合格产品，一律不得进场。在材料进场后，对其进行妥善保存，做好防潮防雨等措施。在现代化建筑施工中，机械设备是必不可少的因素，先进的机械设备，可以有效地提高建筑施工的质量和效率，所以为了提高工程质量，需要合理设置机械设备的进出场顺序，降低劳动强度，加强日常维修养护，提高利用率。③法的因素。在建筑工程施工之前，会根据设计图纸以及工程现场的实际状况，制定出合理的施工方案，对于施工的程序以及每个程序中应该使用的工艺方法都进行详细的分析，然后确定最佳的施工方案。施工过程中的工艺和方法对于工程的质量有重要的影响，因为在实际施工中，施工人员需要按照制定好的方法执行，所以，一旦方法失误，将会直接影响到整个工程的施工质量。所以施工方法的制定一定要具有合理性、可操作性，能够降低工程的施工成本，提高施工效率和质量。

二、建筑工程质量控制措施

针对上述问题和相关的影响因素，为了提高建筑工程质量水平主要从以下几方面采取必要的控制措施。①建筑工程项目质量控制必须实施动态控制。建筑工程项目质量控制是建筑工程项目管理工作的一部分，而建筑工程项目管理是建筑工程项目过程和管理过程的有机结合，建筑工程项目管理和质量控制随时间、地点、客观条件、人的因素、物的因素的发展而变化的，因此，建筑工程项目质量控制必须是动态的控制。是指从空间上的有关工程建设的每一个部分、每一个子项目，直至每一个设备零件、材料单件，每一项工作、技术和业务，都要保证工程质量标准，才能确保建筑工程质量达到预期的水平。②持以预防为主的原则。建筑工程质量控制应该是积极主动的，应事先对影响建筑工程质量的各种因素加以控制，而不能是消极被动的，等出现质量问题再进行处理。所以，要重点做好建筑工程质量的事先控制和事中控制，以预防为主，加强过程和中间产品的质量检查和控制。

三、加强建筑工程施工质量管理

加强建筑工程质量管理体制建设。建立健全建筑工程质量管理的法律法制，严格执行《建筑法》、《建筑工程质量管理条例》等已有法律法规，以法制的权威来规范建筑市场。通过教育逐步强化质量管理意识，激发质量责任感，切实做到有法必依、执法必严、违法必究。明确相关单位的质量责任，强化政府监督，社会监督和企业保证相结合的质量管理体制，严格执行市场准入和清出制度。健全建筑工程施工质量管理制度。根据建筑工程施工质量管理制度，明确岗位职责，严格把好质量关。一方面，对建筑工程施工的各环节出现的违法违规者要"严肃查处，从严处理"，必须依法降低相关责任单位的资质，后果严重的要吊销执照。对那些明显违法违规并造成工程质量隐患的结构工程师、建筑师，也必须对其执业资格做出严肃处理。对一般的违法违规行为则按照相关法律法规加以处罚。另一方面对建设工程项目的每一重要环节，应采取终身负责制，并狠抓落实。提高建筑工程施工人员的素质。建筑工程施工质量的好坏与生产第一线的施工人员息息相关，所以为了有效地保证建筑工程施工的质量，则需要加强施工人员素质的提升，加强日常施工的安全生产管理，确保工程的质量。这就需要加强施工人员的质量意识和技能培训，使其在培训过程中能够对施工技术规范和施工质量要求有较好的掌握，有效地提高施工人员的质量意识和安全防范意识，培训合格持证上岗，这样有效地避免了施工人员违规操作，使施工管理秩序得以进一步的规范，对于提高工程质量将起到积极的作用。

总之，加强建筑施工管理工作已经变得尤为重要，在此，我们讨论了一些有效的策略。作为施工管理人员不仅要有过硬的技术还要有科学的管理方法，做好组织工作，建立良好的人际关系。我们要更加注重土建施工的质量，确保工作人员的安全，确保住房人的安全，给人们提供更加安全舒适的住所。在建筑业不断发展的时候要严格控制管理，不让投机取巧的人得逞。

第三节　建筑工程的质量监督

建筑工程的质量关系到工程项目的整体投资效益、社会效益和环境效益，工程质量优劣关系到国家和人民的生命财产，直接影响到国民经济的发展和社会的安定。严要求、高标准的管控建筑工程质量，是建筑工程投资方和参建方义不容辞的责任和义务，同时也是维护国家和公众利益的主要体现。

近年来，随着社会经济的快速发展，建筑工程量正在急剧增加，建筑工程质量监督管理工作也越来越受到人们的重视。建筑工程质量相关条例和制度的出台，标志着建筑工程质量监督行为的有法可依。但是由于质量监督这项工作内容比较广泛，涉及工程施工和监理的多个环节，这就要求质量监管相关部门不仅要熟悉国家相关法律、法规，还要牢固掌握质量监督的知识和监督技术。同时还要必须具备高尚的职业道德，本着对国家、对人民生命财产高度负责的态度，敢于坚持原则，秉公办事，行使好国家和人民赋予的监督权力。

一、加强建筑工程质量监管的必要性

建筑工程的质量关系到工程项目的整体投资效益、社会效益和环境效益，工程质量优劣关系到国家和人民的生命财产，直接影响到国民经济的发展和社会的安定。严要求、高标准的管控建筑工程质量，是建筑工程投资方和参建方义不容辞的责任和义务，同时也是维护国家和公众利益的主要体现。因此，必须切实强化对工程质量的监督管理，建立以规范化、标准化为主要内容的工程质量保证体系、质量管理体系和质量监督管理体系，围绕工程项目和建筑主体，深层次，全方位实施建筑工程质量监管，进一步有效的促进维护市场的整体秩序。

二、建筑工程质量监督管理的内容和作用

建筑工程质量监督是建筑行政主管部门或其委托的工程质量监督机构根据国家现有的法律、法规和工程建设强制性标准、对责任主体和有关机构所应该履行质量责任的行为以及工程实体质量进行监督检查、维护公众利益和个人利益的行政执法行为；建筑工程质量监督工作主要内容包括对责任主体和相关单位，以及施工单位履行工程施工质量责任行为和文字资料上的监督与检查，并对工程验收的监督检查，对施工材料和施工标准的质量的监督检查，发现责任主体有违法、违规行为的，经过调查取证核实、提出处罚建议或按委托权限实施行政处罚，提交工程质量监督报告，以便于时时掌握所监督建筑工程的质量情况。而所谓建筑工程质量监督管理就是要通过过程管控及监督，使建筑工程质量管理的内容都在受控的状态下实现建筑工程高质量、严要求、高标准的竣工。

三、建筑工程质量监督管理存在的问题

伴随着我国经济体制不断的改革以及社会主义市场经济的发展，我国建筑工程质量监督领域发展也出现了很多的问题。

（1）建筑工程质量监督管理主体权利不够明确。当今我国建筑工程施工水平在不断地提高，但是还有部分建筑工程企业在日常经济开发中存在着监督管理权责含糊不清等问题，导致建筑工程质量监督管理权力责任分配出现责任不明确，职责范围不清楚等问题。

（2）建筑工程质量监督管人员水平参差不齐。建筑工程质量监督管理工作人员需要比较高的专业技术水平，但是当前由于我国建筑质量监督管理部门岗位编制有限，造成从事该项工作的人员数量严重不足，只能从外单位借用或者聘用学历和专业水平不高的临时工。但是这些工作人员缺乏相关的专业知识和专业的工作能力，不能够及时发现施工过程中存在的各种质量上存在的安全隐患，造成实际的建筑工程质量监督管理流于形式，失去了建筑工程质量监督管理工作的真正意义，也不会达不到建筑工程施工质量标准。

（3）建筑质量监督管理信息化滞后。目前，随着科技水平的不断提升，信息技术衍生出了人工智能和大数据，对提高企业管理水平有着巨大影响。但是，我国建筑业的信息化水平整体不高。对于建筑工程质量监督管理来讲，利用信息化技术来进行监督管理是必然的，但是现在大部分的建筑企业中的信息化系统都不健全，使得质量监督管理工作变得很复杂，在施工的过程中一些信息化系统设备根本无法准确地采集的施工过程中的质量信息，导致建筑工程的质量监管人员的工作量很大，工作效率低，直接影响了建筑工程的质量，也影响了工程项目的施工进度。

四、加强建筑工程质量监督管理的措施

针对目前建筑工程质量监督管理存在的问题提出以下改进措施：

（1）明确划分监管权力和责任。质量监管工作中权责不清问题，会直接影响监管工作的质量，为了能够有效划分建筑质量监督管理的权责需要通过质量监管制度作为划分工

作的重要参考依据，通过公众监督方式来开展监督管理工作。同时，施工材料作为建筑质量监督管理的重要内容，为了能够保障施工材料达到施工标准，可以根据项目施工进程并结合实际情况开展质量监管工作，提高建筑工程施工质量，为后期工程顺利施工夯实基础。

（2）提升建筑工程质量监管人员综合素质。想要提升监管人员综合素质，就要系统化的对从业工作人员开展细致全面的相关培训作，包括质量培训、职业道德培训、企业或者事业部门制度培训等，并在培训结束后对参训人员进行考试，考试成绩直接关联工作人员工资和奖金，进而激发每位工作人员学习的激情，也进一步促进质量监督管理人员的专业素质提升。

（3）提升建筑工程质量监督管理信息化。信息化管理是当今社会主要的管理方式，因此，涉及建筑行业的企业更应该提升企业科技信息化管理水平，加强对信息化的建设，建筑企业可以引进一些高科技的信息化设备，来对建筑工程质量监督进行信息化管理，以便于更好的监管建筑工程的质量，促进企业的更好更快的发展。

第四节　建筑工程框架结构

建筑工程框架结构的安全性与稳定性在建筑工程中的应用得到了广泛的认可到了广泛的认可，但是框架结构的施工过程仍然存在着不足之处，对工程的整体质量产生着影响。因此，加强建筑工程框架结构科学设计架结构科学设计、以及建筑工程的施工技术分析对建筑建设的发展有重要意义的发展有重要意义。

目前，我国建筑行业正在快速发展的过程中，人们对于建筑质量的提高有了更多的期待和要求筑质量的提高有了更多的期待和要求。建筑技术水平的提高不仅是满足人们的需求不仅是满足人们的需求，也正是符合建筑工程的发展需要。

一、建筑工程框架技术的特点

在进行建筑工程的过程中在进行建筑工程的过程中，框架结构施工占领着重要位置置，若框架在施工中出现问题，不仅建筑框架在质量标准方面不达标不达标，建筑质量也会受到很大的影响。所以要求技术人员在进行设计之前要必须了解框架结构的特点，在进行设计之前要必须了解框架结构的特点，是设计人员在建筑工程中必须要具备的基本素质。当前的建筑工程结构正朝着高层及超高层建筑的方向发展朝着高层及超高层建筑的方向发展，高层建筑在框架结构方面比普通建筑各方面要求更高面比普通建筑各方面要求更高，在普通建筑中的框架结构设计方法也无法适应高层建筑的标准计方法也无法适应高层建筑的标准，必须在此基础上加以改善善。这给框架结构技术带来了新的特点。高层建筑中竖向构件带来了逐层累积的压力件带来了逐层累积的压力，想要压力被有效地承受，就必须要有较大尺寸的墙面及柱体承受压力有较大尺寸的墙面及柱体承受压力。提高高层建筑中的框架结构承载力变得特别重要。同时高层建筑中还要特别注意加强承受地震荷载以及风荷载等，这些荷载对与建筑的高度非常敏感度非常敏感，都属于非线性竖向分布荷载。根据具体施工要求完成施工求完成施工。

二、钢筋在工程施工中的问题

钢筋在工程施工过程中属于基础性施工材料钢筋在工程施工过程中属于基础性施工材料，同时也是在施工过程中有着重要作用的施工材料在施工过程中有着重要作用的施工材料。钢筋与建筑框架的设计与施工的关系密不可分设计与施工的关系密不可分，加强钢筋施工技术也是保证工程框架稳定性的必要条件程框架稳定性的必要条件。在钢筋实际施工的过程中，其中存在问题较多的方面是质量问题存在问题较多的方面是质量问题，问题主要包括；选择使用的焊条规格的焊条规格、型号不准确，钢筋焊接接头出现弯折问题钢筋焊接接头出现弯折问题，箍筋的实际具体尺寸达不到要求等箍筋的实际具体尺寸达不到要求等。以上这些问题都需要进行解决行解决，不然会对整体框架质量造成很大的影响。在钢筋加工完成之后工完成之后，也会出现钢筋的板扎、成品的保护中的质量问题题，主要包括；钢筋的数量与类型并没有达到要求的标准钢筋的数量与类型并没有达到要求的标准，钢筋垫块没有提前进行稳固或者是准备不充分钢筋垫块没有提前进行稳固或者是准备不充分，以上问题如果没有解决或有遗漏便继续施工的话会导致后续施工的质量问题量问题。一点点尺寸的偏差，细节的忽略都会对框架结构整体的安全性与施工质量造成影响体的安全性与施工质量造成影响。

三、模版工程技术分析

模版工程中存在的主要问题是施工时间短模版工程中存在的主要问题是施工时间短，楼层的楼板依然处于羊湖的阶段依然处于羊湖的阶段。所以承受载荷的能力有限，导致施工中载荷的种种不确定性中载荷的种种不确定性，有的甚至超过了混凝土结构的正常使用状态使用状态。垫层施工完成之后垫层施工完成之后，进行每天定时的对水平基础依照轴线测量线测量，用基础平面测量尺测量需要的各个边线并做好标记记。有效地保证了模版的硬度及稳固性，提高了模版的施工负载以及施工载荷负载以及施工载荷。拆除模版的过程中要按照顺序进行拆除除，后续支立的先拆，支撑的部分先拆掉，先支立的后拆。主体结构施工应该保证立杆立于坚实的平面上主体结构施工应该保证立杆立于坚实的平面上，在安好上层模板和支架后能承受对应的载荷不会被压垮上层模板和支架后能承受对应的载荷不会被压垮。否者整个结构体系会被影响不能正常施工结构体系会被影响不能正常施工。

四、对混凝土技术的分析

做好了原材料的选择工作是对所有进场材料的一份保证证。其中做好混凝土的工作非常重要，混凝土包括不同类型，其强度也有不同其强度也有不同。以及包装、出场日期都需要进行严格的把关与检查关与检查。选用合格的混凝土、控制好混凝土的用量、搭配好混凝土的比重混凝土的比重。这几个问题是在材料使用的角度，解决框架结构施工技术的问题构施工技术的问题。严加注意这几个问题，可以避免一些不必要的损失的损失。合理的控制配合比可以提高水泥的强度以及混凝土的耐用性。这会增加造价，并且会增加混凝土的体积和用水量的变化的变化。为了确保合理的造价，工作人员还要对掺入的水泥量有很好的控制量有很好的控制。并且控制在水泥用量的允许范围之内。而在浇筑混凝土方案的时候首先应该通过审批在浇筑混凝土方案的时候首先应该通过审批，在可能出现的问题中都会要有对应的解决方案以确保最佳的计算结果问题中都会要有对应的解决方案以确保最佳的计算结果。对模版的位置、截面尺寸、标高进行标准的控制，与设计相吻合。

在建筑施工设计的过程之中在建筑施工设计的过程之中，框架结构设计是基础的设计计，但也是建筑施工中的重点内容。建筑工程框架结构的质量保证量保证、顺利完成决定着建筑工程的整体稳定性以及整体质量量。想要建筑工程顺利地进行并完成，首先保证钢筋、混凝土等主要材料的质量等主要材料的质量，还要构建出好的框架结构设计，其次各个环节的问题都要予以重视环节的问题都要予以重视，建筑结构工程师必须要进行科学的框架结构设计的框架结构设计，以科学的方式打造出高质量的建筑工程。

第五节　建筑工程竣工结算

本节主要分析了建筑工程竣工阶段结算流程的实际现状，重点突出了结算流程环节在整个工程中的重要性以及对于建筑公司的实际意义，它对于建筑企业来说，能够帮助企业明确资金状况，帮助企业进行发展。通过对建筑工程的竣工结算阶段进行研究，本节列举了几点注意事项，以期为建筑企业在结算阶段提供建议，帮助企业实现经济效益最大化。

建筑工程竣工结算对施工单位的收益影响巨大，竣工结算过程是否清晰完整正规，将直接决定了企业的发展和经济稳定。近年来，随着我国建筑水平逐渐增高，建筑行业的不断发展带动了我国经济的发展，而建筑行业也涌现出了一大批新技术与新标准。而对于建筑工程竣工结算这一流程来说，更需要发、承包方对其给予高度重视，同时要进行思想上的革新和结算流程管理方法的与时俱进。

一、竣工结算简述

竣工结算是建筑企业与建设单位之间办理工程价款结算的一种方法，是指工程项目竣工以后甲乙双方对该工程发生的应付、应收款项作最后清理结算。对于施工周期较长的工程，像跨年度进行施工的工程，在年终进行工程盘点，办理年度进度报量结算。建设单位在施工期间拨给施工企业的备料款和工程款的总额一般不得超过工期总价格的90%，其余的尾款在工程竣工后，施工企业和建筑企业及时办理竣工验收手续，并在20d内完成尾款结算。工程竣工结算分为单位工程竣工结算、单项工程竣工结算、建设项目竣工总结算三种。

结算流程分为以下几个环节：首先，承包商应在合同约定时间内对竣工结算书进行编写，完成后提交给发包商；发包商收到竣工结算书后，应按合同结算方式与施工单位及时核对，这一部分是整个竣工结算流程的重要部分，因此，不论是发包商还是承包商都要对此给予足够的重视，在结算核对过后，发、承包商要进行工程移交工作，同时应当将工程款项进行清算。

二、建筑工程竣工环节结算过程出现问题

（一）竣工结算资料不完善或者签字不全

竣工结算资料传递不及时是建筑工程竣工环节比较容易出现的一类问题。这类问题的产生大多是由于施工单位和发包商对其重视程度不足，对施工设计到的相关资料搜集程度不够所导致的。竣工结算材料不完善，容易导致竣工结算困难，影响竣工阶段的收尾工作的展开，同时也严重影响了竣工结算进程。竣工结算资料不完善，会出现以下几类现象，竣工结算材料不完整，项目清算困难，竣工图传递困难，导致后期验收工作无法正常开展。如某单位工程中的变更签证资料，只有监理单位、施工单位盖章，建设单位未签字与盖章，金额为 8.31 万元，结算时建设单位以此为由不予认可。因此，建筑单位一定要对此类现象加以重视，在竣工验收阶段要保证资料的完整性，让竣工结算工作顺利进行。

（二）合同条款计价原则不明

合同条款计价原则不明确也是常见问题之一。现阶段的大部分施工单位都有着自己的计价原则，但是大部分企业只在此方面未形成统一，因此，在签订合同时，承包商和发包商在此方面难以达成共识。许多施工单位在签订合同时会在合同中隐藏计价原则，而如果发包方在签订合同时未发现该问题，将会导致在后期的竣工结算阶段会因计价原则不同而导致结算款数差别较大，从而产生纠纷，而合同中如果未注明计价原则，合同的规范性得不到保障，双方的利益也会受损。因此，施工单位和发包方在签订合同时一定要在合同上注明计价原则，避免后期出现各种问题。如某项工程为费率招标，中标通知书中写为总造价降 2.1% 为结算价，后期签订合同时因建设方的疏忽，合同结算方法为"审计后的除不可竞争费与税金外总造价降 2.1% 作为结算价"引起了双方对于结算的争议；又如某项工程招标文件规定与定额采用 2005 年山西省建筑工程相关定额，签订合同时写为定额采用 2011 年山西省建筑工程相关定额。

（三）建筑材料价格波动较大

在施工阶段，建筑原料的成本波动较大，会影响到结算阶段施工单位对各种款项的清算。如果在施工阶段，施工方未及时对价格变化较大的材料进行记录，对支出款项等进行明确，则在结算过程中，施工方将无法对结算款项做出即时调整，自己的利益会搜到一定影响。如某项工程 2011 年招标，招标时双方约定材料价格不作调整，签订合同时结算方式风险范围写为主要材料价格超过正负 5% 时作调差，引起了双方对于结算的争议。

三、提高建筑工程竣工结算质量的有效措施

在建筑工程竣工结算的过程中，有以下几点需要特别注意：在竣工结算之前，承包方和发包方需要对工程的质量进行复检，待验收工作完成且确定工程符合标准之后，再进行竣工核算及工程造价审核工作；其次，在工程结算过程中，需要安排专业技术水平高，且工作经验丰富的工作人员来进行结算和审核工作，以保证结算工作能够顺利进行且中间不会出现疏漏；另外，无论是发包方还是承包方都要对这一环节给予重视，双方都要根据合同内容里约定的期限来完成各项工作，以保证双方的利益。

（一）全面收集工程资料

在落实建筑工程竣工结算工作时，需要承包方和发包方将工程资料进行全面整合及处理，以避免竣工结算阶段由于材料不齐造成双方利益受损而引发纠纷。因此，承包商，也就是建筑公司需要注重以下几个方面的资料收集：双方的合同以及后期因为某些原因而补签的条款，它不仅能够有效说明施工范围及施工周期，双方需要在合约期限内履行的义务和承担的责任，工程款数目及各款项的明细以及双方在施工阶段需要承担的风险等，这类合同为结算款项明细和验收阶段工程的质量水平进行说明，同时也为工程能够顺利交接提供了保证；建筑相关图纸资料和审计账目等；施工周期内市场原材料价格变化明细表和价格表，能够为竣工结算时调整合同价格提供有力的依据；建筑项目施工日志和设计资料，能够帮助建筑公司和发包商在结算时提供依据；竣工后的工程验收报告等。结算资料的收集主要包括以下内容：施工发承包合同、专业分包合同及补充合同；招投标文件，包括招标答疑文件、投标承诺、中标报价书及其组成内容；工程竣工图或施工图、施工图会审记录，经批准的施工组织设计，以及设计变更、工程洽商、甲乙双方索赔资料、材料价格批准单、甲供材料用量及价格和相关会议纪要；经批准的开、竣工报告或停、复工报告；竣工结算书等。相关部门要在竣工结算之前准备好相关资料，以保证竣工结算工作的顺利进行。

（二）管理层加强对竣工结算环节的重视

企业加强对工程竣工结算环节的重视，可以通过以下几种途径来实现：①企业内部应当对工程项目价格审核进行体系建设并加以完善。对于现在的建筑企业来说，拥有一套完整的价格审核体系，对于企业进行工程造价审核、竣工结算、工程项目费用核算等工作都具有较大的帮助。在建设该体系之前，企业需要对自身情况和自身需求加以明确，在建设价格审核体系时需要运用科学的构建方法，以加强对工程费用的把控，确保每项花费的合理性，在工程建设过程，一个完善的价格审核体系能够加强对原材料市场价格的调查，对市场改变的状况和潜在风险进行评估，以加强对工程的管控；②承包方和发包方都要强化合同条款的阅读工作。一是为了保证双方的利益，二是为了让双方都能遵守约定期限进行交付工程和款项。加强对合同条款的解读，能够明确双方的责任，通过对合同内容的遵守来达到对双方制约的目的，同时也能够保证双方在施工期间的相互监督。

（三）提高结算人员的技术水平

结算工作要求结算人员技术水平过硬，且应对一些困难时具有较为丰富的处理手段和丰富的经验，以应对结算过程中出现的各种风险问题。企业在进行人员管理时，要对提高结算人员的相关技术水平给予重视，要定期对结算人员进行培训，提高人员的专业水平和应对问题时的处理能力，同时，要求每位结算人员对施工合同和条约款项以及各类文件进行了解，从技术层面上掌握具体施工工艺的施工方法以及对建筑质量的审核标准，。强化人员的法律意识，要让每一位员工都了解与建筑行业有关的法律规定，从而使每一位员工内心树立起法律意识，让其能够依法执业，遵守法律道德底线，公平公正合理的做好结算审查工作。

建筑企业对建筑工程进行竣工结算，能够帮助企业对工程造价进行控制，对项目工程施工过程的总花费进行清算，有利于企业内部对施工过程进行合理优化，对工程造价进行明确。竣工结算同时也作为一项建筑公司向发包方索要尾款的依据以及建筑公司进行资产清算和明确的依据，会对建筑公司的整体收益和资金流动产生重大影响。因此建筑企业一定要对结算环节给予重视；另外，审计人员需要明确自身责任，严格控制结算环节，保证结算过程的准确性。

第六节　建筑工程框架结构工程

本节主要阐述了框架结构工程技术的基本内容，并针对框架结构工程技术存在的问题提出了相应的优化建议，以期为建筑企业可持续发展目标的实现奠定良好基础。

一、建筑工程框架结构工程技术的基本概述

（一）框架结构的类型

伴随物质生活水平和生活质量的不断提高，人们对于建筑工程的施工质量和施工模板也提出了新的要求，在工程实践施工建设过程中，由于建筑种类的不同，工程中的框架结构也不尽相同，而目前来看我国主要的框架结构类型分为四种，即：半现浇式框架、全现浇式框架、装配式框架和装配整体式框架。其中，半现浇式框架具有节省施工时间的显著优势，但其抗震性能较低，而全现浇式框架能有效地提高抗震性能，却会延长施工时间，至于装配整体式框架从某方面而言不仅有效地弥补了装配式框架抗震性能欠缺的不足，同时对于模板的需求量也较少，因此是现阶段最常用的一种框架结构。

（二）框架结构工程施工技术

简单来讲，所谓的"框架"指的是在进行工程施工建设过程中，使建筑物纵向获得部分承载力，从而确保工程施工顺利进行的结构，且近年来随着高层建筑和超高层建筑日益成为建筑企业的主要施工类型，其应用频率和应用范畴也变得愈加广泛，总体而言在进行

工程实际施工建设过程中，只有从根本上确保框架结构施工质量，做好基础的承载力工作，建筑工程的整体施工质量和施工效率才能得到有效提升，进而为企业的进一步发展奠定良好基础。

（三）框架结构工程的施工特点

近年来，伴随社会主义市场经济的不断发展，作为与人们日常生产生活息息相关的基础产业，建筑产业在当前人均土地面积急剧下降的时代背景下，其对于建筑工程的整体工程质量和工程结构也提出了新的要求。经大量科研数据分析可知，在当前城市化、工业化建设进程不断加快的产业时代背景下，高层建筑和超高层建筑逐渐取代多层建筑成为现阶段建筑产业的主要施工类型，在一定程度上虽然有效地解决了当下土地资源短缺的现状，但与此同时也给建筑施工工程在技术上面带来了更多的挑战，随着高层建筑层数的不断增加，其对于框架结构的承受荷载也在不断增加，故此在进行实际施工过程中，为高质量地完成高层建筑工程的框架施工，充分考虑建筑结构的变形问题和墙体设计以及使用的材料等是十分必要的。

二、建筑工程框架结构工程技术的基本概述

（一）钢筋工程施工技术要点剖析

根据相关数据调查可知，对于高层或超高层建筑来说，在进行钢筋工程施工建设过程中，为从根本上降低或避免建筑物安全隐患的存在，建筑企业的施工人员需提高对钢筋工程稳固性的重视，即通过采取如下策略，以避免位移现象的发生，即：

首先，前期准备。在进行工程施工建设过程中，钢材是框架结构施工最常用的材料，其型号、质量和数量在一定程度上对其工程的整体施工质量和施工效率具有直接影响，故此为从根本避免各种安全事故的发生，一方面建筑企业施工人员需在施工前，严格按照设计图纸以及施工需求，对钢材进行采购、剪切和弯折造型处理，从而为后期工程的施工建设奠定良好基础，而另一方面在对钢材进行存放时，对于置于高空位置的材料也进行集中管理和分类，以避免后期在使用过程中发生高空坠物，影响工程施工进程的同时危及人员的生命财产安全；

其次，焊接施工准备工作。在进行钢筋工程施工建设过程中，为从根本确保工程作业的顺利进行，在进行钢材焊接时提高对焊接操作的重视是极为重要的，而具体来讲在一定程度上焊接的工序对于焊接质量具有重要影响，故此总体而言为提高钢材框架结构的施工效益，建筑企业的工作人员需严格按照"审查施工焊接技术—做好焊接试验—进行相应检验—逐点焊接—钢筋进行复检—对焊接部位进行抽查—淘汰不合格产品"，此外为从根本确保抽检和焊接作业的专业性，企业还需加大对焊接人员的培训力度，从而为后期焊接作业的顺利实施打下坚实基础；

最后，当焊接完成后，对钢筋进行放样和下料作业时，为从根本上确保后续施工作业有一定空间，防止工程框架出现收缩变形，建筑企业的施工人员需在全面掌握不同钢筋热

胀冷缩系数的基础上，根据钢筋性质留置出合理的放样和下料空间，

（二）模板工程施工技术要点剖析

随着高层建筑和超高层建筑数量的不断增多，规模的逐渐扩大，在实际施工建设过程中，为从根本上提高企业的施工质量和施工效率，模板工程也是建筑工程框架结构的主要类型，但不可否认的是，由于近年来楼层数量的不断增加，其承受的能力有限，因此在实际施工作业过程中，施工人员需严格按照如下施工工序进行作业，即：

其一，基础模板安装施工技术。在进行钢筋混凝土建筑时，为从根本上提高工程的施工质量和施工效率，先由模板定型，再放线设置高度、深度、宽度，最后再完成垫层的施工处理，是基础模板施工的主要作业。除此之外，在进行模板安装过程中，为确保直角度的科学性、合理性和有效性，一方面建筑工程企业的施工人员需通过上述进行标注的记号，进行材料支柱的固定，从而确保模板的硬度和稳固性能满足工程的施工要求，而另一方面在进行模板的安装过程中，为从根本避免误差问题的产生，相关工作人员需严格按照国家的相关规定，并将安装偏差控制在三毫米内；

其二，主体模板的施工技术。当完成基础模板工程施工建设过程中，为确保后期工程施工的顺利实施，建筑企业的相关工作人员还需在基础模板安装完成后，对模板和垫层之间的缝隙进行处理，从而避免后期施工过程中漏浆问题的产生，更主要是为了提高模板的强度和承载力。而作为模板工程施工建设过程中的关键技术，在进行主体模板施工建设时，通常为了提高建筑模板的强度，其会在模板中支撑部分钢管，然后在对模板支架、立柱等部位进行垫板操作，从而为后续工程施工提供更加稳固结构支撑的同时，也保证了上层模板能够有较强的承载力，为后续工序的顺利实施打下坚实基础；

其三，模板拆除。当混凝土达到一定强度后，建筑工程的施工人员可将模板进行拆除，但为从根本上避免工程的安全隐患，在进行模板拆除时，相关工作人员需严格按照"优先拆除后续支立的模板、最后拆除最先支立模板"的原则进行拆除作业，从而避免对后期的施工造成影响。

三、建筑工程框架结构施工中的常见问题与解决策略

（一）钢筋工程施工建设问题

在进行框架工程施工建设过程中，由于钢材本身具有大跨度、钢筋混凝土组合等特点，因此常被用于施工建设过程中，但不可否认的是，由于其本身存在的某些安全隐患问题未能得到妥善处理，而是任由其作为施工建材应用到施工建设过程中，在一定程度上不仅极大地增加了工程的安全隐患，危及企业的经济效益和社会效益，最主要的是还会给人们的生命财产安全埋下巨大的安全隐患，进而对社会的长远发展是极为不利的。故此为避免上述问题的发生，在进行钢筋工程施工建设过程中，一方面在进行钢筋作业前，建筑企业的相关工作人员需根据自身多年经验，综合考虑当下企业的施工现状和施工目标，制定一套科学完善的钢筋工程施工方案，并在施工过程中，严格按照施工的规章制度进行，以期从

根本避免钢筋板扎有误、钢梁的垫块没有做好固定处理、浇筑混凝土出现位移等现象的发生，而另一方面建筑企业的相关管理人员还需严格按照工程的施工要求，提高对钢材质量检测的重视，从根本确保整个建筑工程质量的同时，为企业的进一步发展奠定良好基础。

（二）建筑载荷问题的优化处理策略

从目前来看，在当前高层建筑和超高层建筑规模不但扩大的社会主义新市场经济常态下，虽然从某方面而言有效地解决了土地资源短缺问题，但与此同时也导致了荷载问题的产生，经大量实践探索可知，在施工建设过程中，由于楼板在浇筑完成后会放置一段时间来保证楼板的硬化强度大小，但倘若硬化强度不符合要求，则说明楼层的荷载存在一定问题，此时施工单位需对问题进行及时处理。

综上所述，改革开放以来，城乡一体化建设进程的不断加快，企业数量不断增多、市场规模逐渐扩大的同时，建筑企业工程建设整体施工效益在当下多元化的社会主义环境下，受到了社会各界及人们的广泛关注和高度重视，其中作为建筑基础的框架结构，由于其施工质量是建筑行业得以在市场上持续发展的根本，故此随着建筑企业的不断发展，人们对其关注的重心也集中在对建筑工程质量方面，故此为保证工程项目的质量建设和工期进度管理，对建筑工程施工质量进行全面管理是确保框架结构施工质量满足建设要求的重要基础和根本前提。

第七节 建筑工程质量检测

近些年以来，随着我国经济的快速发展，城市化进程也在逐渐加快，这使得我国的建筑工程项目数量不断增加，建筑行业迎来了新的发展机遇。在这种环境下，我国的建筑工程质量检测工作受到的重视程度也在逐渐增加，通过工程质量检测能够加强对建筑工程的质量管理，从而保证建筑工程的施工质量，这对我国的经济发展具有非常重要的意义。在本节中，作者通过自身多年的工作经验，对当前建筑工程质量检测中存在的问题进行了简单的分析，并提供了一些有效的改善措施。

伴随着社会经济的快速发展，现代化城市进程逐渐加快，在这一背景下，人们生活水平有了明显的提升，其对于建筑工程质量提出了越来越严格的要求。加大对建筑工程质量的检验力度，不但需要建筑单位加强重视，同时还要从各个环节入手，合理的使用质量检测方式，制定健全完善的质量防控制度。对此，在具体施工期间，务必做好建筑工程各个环节的检验工作，在满足需求的基础上提升建筑工程质量检验成效，促使建筑工程稳定开展。

一、建筑工程质量检测面临的问题

（一）当前建筑工程质量检测水平较低

建筑工程质量检测的效果与水平，与英美等发达国家相比还有一定的差距。检测人员的能力与水平还有很大的提升空间，而导致这种情况的主要原因，在于工程质量检测人才的缺失、技术应用水平的落后与质量检测内容与项目确定的不合理性问题。另外，现阶段我国的建筑工程项目的复杂性特征逐渐凸显，建筑工程中所应用的施工材料、施工技术与设备等愈发繁杂，建筑类型与建筑形式也有所突破，这些都是影响建筑工程质量检测的重要因素。

（二）建筑工程质量检测取样不规范

建筑工程质量检测工作中，检测样本的取样规范性，也会导致质量检测出现偏差，影响工程质量检测的效果。现阶段，许多建筑工程的质量检测样本取样，都是由施工单位主导进行，而第三方检测单位仅仅单纯地负责工程的质量检测，施工单位相较于第三方检测单位，专业性明显不足，材料样本的抽取客观性也会受到影响。另外，由施工单位进行取样，还会延长样本存放的周期与时间，而且施工单位对于样本的存放空间与环境也缺少足够的掌控能力，可能会存在较多的外部影响因素，对于样本质量产生影响，也会影响质量检测的最终结果。

（三）施工材料检验问题

材料是建筑工程施工中十分重要的一部分，其性能对于建筑工程质量有着决定性影响，因此，在引进建筑材料之前，要对材料性能进行有效的检验。不过，从实际情况来看，部分建筑工程中的材料在没有经过检验的情况下，便直接引进于施工场地中，比方，检验期间，要依照相关性能实施检验，然而，在实际操作期间，没有按照种类来划分材料，使得检验结果存在差异性。最后，在建筑工程施工期间，除了检测主体材料之外，相关的装修配件材料也是需要检测的。之前，部分人员经常错误地认为只需要检测主体材料便可以，对于配件检测的重视力度较低，如此，便使得工程质量下降。

二、提升建筑工程质量检测成效的具体措施

需要加强对建筑工程质量检测的重视力度，从建筑工程领导人员的角度出发，需要先对建筑工程质量检查工作进行重视，并且需要在实际管理工作中还要不断增加自身的质量，更要使得建筑工程可以顺利完工。面对整个建筑施工而言，有关的建筑工程领导是比较高的决策人员，主要是他们的命令直接关系到工作者的利益，因此这个时候领导间需要合理的做到相互监督，并且还要满足用户的心理要求为主体，以符合相关的体系为标准，以此提高对建筑工程质量的检查力度。由此一来，有关公司领导需要对建筑工程质量进行检查，更要最大程度的注重对建筑工程质量的管理，以此带动公司的稳定发展。

需要不断提高对企业内部质量检测的力度。要想使得建筑工程可以顺利交工，那么这

个时候需要提高工程质量的检测工作，简单来讲，是工程质量直接决定着建筑施工是否可以顺利交工的标准。因此经过长时间的研究，要想确保工程可以顺利完工，这个时候需要先从以下几个方面入手：第一，建筑施工公司需要建立起相关的质量检测体系，第二，需要加强对工程施工人员的教育，定期对建筑工程人员进行对工程技能的培训。因此这个时候检测人员水平的好坏会关系到工程检测是否可以有效的运行。

还需要不断提高各个质检部门的交流和沟通，由此一来，建筑工程的项目检测部门不是单独在一起的，只是有机地结合在一起，因为只有这样，才可以不断提高施工企业各个部门质量的检测。除此之外，建筑工程项目企业需要完全掌握到各个部门在检测工作中的重要性，如果发现建筑工程出现质量问题，那么需要及时和其他的质检部门进行交流，更要及时的解决存在的问题，从而保证工程质量，最后可以使得建筑工程顺利施工。

三、加强施工企业各个部门质量检测协调与沟通

建筑工程项目质量检测管理并不是单独孤立的，而是需要企业各个部门以及所有人员的共同努力才能完成。由于建筑工程施工过程中因突发状况，诸如材料短缺、天气恶劣、机器故障、停电停水等会严重影响到施工安全和质量，为了避免突发状况对工程造成损失，保证工程施工的质量，做好协调和沟通相关土建施工各个部门的施工协调管理工作，是避免工程受突发状况影响，减少企业损失，保证施工质量的重要手段。为此，建筑工程项目企业首先要充分认识到质量检测工作中各个部门进行有效协调与沟通的重要性，对于工作中出现的质量检测管理问题，应进行协调解决，以保证质量检测工作的有序展开。

总之，对于建筑工程质量检测工作来说，其对建筑工程的施工质量控制具有非常重要的意义，同时也是我国建筑行业发展的重要组成结构。伴随着市场竞争的激烈化，我国的建筑工程质量检测机构的发展也需要紧密结合当前社会，通过正确的认识自身的职责，坚持以人为本，加强人员的素质和技能培训，提高自身的检测质量。

第二章　建筑工程施工的基本理论

第一节　建筑工程施工质量管控

建筑工程施工质量关系到建筑行业的发展水平，影响着相关产业的未来发展。目前，由于施工质量管控不到位造成的安全事故时有发生，显露出建筑工程施工质量管控中的一些问题，本节通过分析这些问题，并提出加强质量管控的可行办法，从而达到控制施工风险的目的，实现施工质量的有力管控，提高施工单位的工作质量，提升建筑项目的整体水平。

建筑工程施工质量管理是建筑工程施工三要素管理中重要的组成部分，质量管理工作不仅影响着工程的交付与正常使用，而且也对工程施工成本、进度产生着不容忽视的影响，为此，建筑工程施工管理工作者需要针对建筑工程施工质量管理中存在的问题，对相应优化策略做出探索。

一、建筑工程施工质量管控中的问题

（一）对建筑工程施工人员的管控不到位

施工人员的工作质量直接关系到建筑工程的质量。但目前在施工质量管控方面，施工人员的管理还有很多不足之处。首先，施工单位管理者缺乏质量管控意识，认为只要没有发生重大质量问题，就不必进行管理，对施工人员平时的工作疏于管理。其次，施工单位没有专门的质量管控部门，平时的质量管理主要是由企业中临时组建起来的管理小组负责，由于这些管理人员缺乏相应的技术知识和管理经验，在实际的管理工作中，监督不到位，问题处理方案不合理，导致施工人员的工作比较随意，埋下了隐患。

（二）对施工技术的管控不足

过硬的施工技术是保证工程施工质量达标的前提。但是目前，许多施工单位对施工技术的管控依旧不足。首先，施工单位任用的施工人员，有很多是雇佣的临时工，企业为了节约施工成本，会任用那些缺乏专业能力的员工，这些施工人员的学历不高、综合素质也比较低，对于建筑施工方面的知识不了解，实际工作难以达到标准。其次，由于施工单位在施工技术研发方面的投入较少，未能及时通过培训教育等方式提升施工人员的能力，也未能引进先进的施工设备，使得整个施工工程的技术含量较低，不止是影响了施工速度，施工质量也难以保证。

（三）施工环境的质量管控不到位

施工环境主要包括两个方面，一方面是技术环境，在进行建筑施工之前，施工单位未能充分勘探施工项目所处的地理环境，施工方案与地质情况不相符，影响了施工的质量，另外由于未能考虑到施工过程中气候、天气的变化，没有采取相应的应对措施，也会造成施工质量出现问题。另一方面是作业环境，在施工过程中，施工人员可能需要高空作业、借助施工设备开展工作，由于保护措施不到位或者设备未经调试等原因，也有可能导致施工结果和预期存在偏差，使得工程项目的质量不达标。

（四）对工序工法的管控不力

建筑工程项目一般都比较复杂，涉及的施工环节比较多，工序工法关系着施工进程和质量。施工单位对于工序工法的管控不到位，也会导致质量问题。一是工序工法的设计不合理，设计人员在对施工现场进行勘察时，没有对所有施工要素进行全面、仔细的调查，其勘察结果存在偏差，影响了工序工法的设计。其次，没有专门对不合理工序工法进行纠正的标准，导致不合理的工序工法被应用到实际的施工过程中。最后，未能按照工序工法施工。施工人员在实际的施工过程中太过随意，任意改动施工计划，打乱了施工节奏，从而影响了施工质量。

（五）对分项工程的质量管控不足

建筑工程施工中，会将一个项目划分为多个分项工程，但施工企业在进行质量管控中，却未能针对这些分项进行细化的监督和管理，导致某些分项缺乏管理，存在质量问题，影响了整体的工程质量。另外，由于施工单位没有把握住分项工程中的质量管控核心，导致质量问题凸显出来，使得工程施工质量不合格。

二、建筑工程施工质量管控的可行方法

（一）加强对建筑工程施工人员的管控

首先，施工单位应当设立专门的质量管控部门，掌握整个建筑工程项目的每个阶段的情况，并根据实际施工工作作出合理的管理决策。其次，施工单位平时应当加强对施工人员的培训，使其熟练掌握施工技能，并且针对当前要施工项目中的要点进行强调，让每个施工人员都具有自觉的质量控制意识。最后，企业在任用施工人员的时候，应当选用那些综合素质较高、拥有较强工作能力的人，从人员管控的角度出发，加强对工程施工质量的管控。

（二）加强对施工环境的管控

施工企业应当熟悉工程项目的环境，通过控制施工环境，保障施工质量。首先，施工单位应当在开展施工工作之前，对施工现场进行全面考察，了解地质情况和气候，并且做好应对恶劣天气的准备，从而保证施工质量不受外界环境的影响。另外，施工单位应当对施工项目中一些危险性比较高的环节加强管理，避免施工过程中发生不安全事故，在保证安全的前提下，按照标准的施工方案开展工作。除此之外，还应当做好施工机械设备的管

理，运用符合施工标准的设备，并且在启用设备之前要做好相应的调试，避免因机械设备的原因，影响施工质量。

（三）加强对工序工法的管控

首先，施工单位应该派专业的勘测人员对施工项目提前进行考察，并对勘测结果进行合理的分析，并在设计工序工法的时候考虑到所有的影响因素，根据实际情况不断地优化施工过程，从而设计出能够顺利进行的工序工法。其次，要有专业岗位针对施工的工序工法进行校验和改正。当施工过程中，出现与原本的工序工法设计不符的情况时，要及时地根据施工需求进行调整，避免不合理的工序工法影响施工质量。最后，要加强对施工过程的管理，保障施工人员严格地按照设计好的工序工法进行施工，从而达到质量管控的目的。

（四）加强对分项工程的质量管控

分项工程的质量，直接关系到整个施工项目的质量。加强对分项工程的质量管控，是保障施工项目质量合格的前提。施工单位应当根据不同的分项工程的特点，选用合理的施工工艺，从而保障分项工程能够满足质量要求。另外，施工单位还应当为每个分项工程安排相应的质量监督管理人员，根据既定的质量标准，对分项工程进行严格的管控，使施工项目的每一部分，都能在保证质量的前提下，按期完成，与其他分项工程相互配合，共同达到整个工程项目的质量标准。

（五）实现建筑工程施工质量管控的保障

要切实落实工程施工质量管控，就必须为管控工作提供相应的保障。首先，企业应当具备强烈的质量管控意识，并且设立相应的管理部门，使其运用管理权限加强对质量的管理。其次，企业应当引进先进的施工技术，从技术层面，提高施工质量。再次，施工单位应当制定相应的质量管控制度，以规章制度对员工工作进行规范，保证其工作质量。最后，企业要投入足够的资金，保障施工工作能够顺利、高效地进行，从而提升工程施工质量。

综上所述，在建筑工程施工过程中，对施工队伍、施工技术、施工环境、工序工法、分部项目管控不严格，都会导致建筑工程施工产生各类质量问题，针对这些问题，建筑工程施工质量管理工作者有必要强化对施工各个要素的把控，从而为建筑工程施工质量的提升提供良好保障。

第二节　浅谈建筑工程施工技术

要想提升建筑工程的施工质量，就必须不断改进建筑工程的施工技术和加强建筑工程施工现场的管理。虽然，当前我国的建筑施工技术和现场管理存在一些问题，但是，相信在未来的发展中，我国的建筑行业会不断运用创新思维，创新我国的建筑施工技术和施工管理方式，为我国的建筑行业发展开辟新的道路。

一、现场施工管理的应对策略

（一）以建筑信息管理技术为基础的施工管理

科学技术在不断地发展，现场施工管理体系也在不断地创新。当前，我国的建筑现场施工管理效率比较低，已经无法再适应社会对建筑企业现场施工的需求了。因此，需要创造新的建筑施工管理体系。而建筑信息管理技术便应运而生。它以建筑工程项目的数据信息为管理基础，通过建立模型，全真模拟建筑施工现场，这样便能对建筑施工现场进行全方位的把控，实时地进行全面的检测和预控。这样建筑施工现场的管理就变得更加准确与完备。关于具体的建筑施工现场管理，可以利用建筑信息模型的管理技术，对施工现场和施工的机械等管理进行建模。在为施工现场建立模型时，首先需要掌握施工现场的所有情况，必须对施工现场有一个整体的规划，并且对各项重要的环节进行缜密的布置与安排，以此，来达到成功对施工现场进行管理的目的。

（二）对施工现场进行安全技术的管理

安全管理对建筑施工现场来说十分的重要。只有确保安全技术的管理，才能保证重点项目的顺利进行。建筑施工现场管理者可以通过建筑工程项目的特点与组织机构设置的情况，建立安全技术交底制度。安全技术交底管理制度能够分段管理建筑施工项目，明确施工责任和管理责任。而且，安全技术交底制度是由主要技术负责人直接向建筑施工技术负责人进行安全交底，并且，明确了具体的事项，这种制度保障了现场施工的安全。

二、建筑工程施工技术及现场施工管理的问题

（一）建筑工程施工技术面临的问题

目前，我国建筑工程施工技术主要面临着三大问题。①建筑工程施工图纸技术的问题。图纸技术是一个建筑项目开展的最基础的工程，如果建筑工程施工图纸技术有任何技术上的问题，那么，将会影响一个建筑工程项目难以得到全面、细致的审查，同时也将影响建筑项目，从而导致建筑工程的质量下降。②建筑工程施工预算技术的问题。建筑工程施工预算技术决定着建筑工程的成本投入以及后期的施工管理。如果施工预算出现了任何问题，那么建筑工程将出现后期成本不够，导致工程延期或质量不佳的情况。③建筑工程材料与机具设备/机械设备准备的问题。建筑工程项目需要建筑工程材料和设备技术作为保障。一旦，工程材料不足或者设备技术不够，施工材料和技术就无法得到全面的审查，那么，建筑工程后期就无法得到技术的维护。当建筑工程设备出现故障的情况下，项目工程质量也随即下降。

（二）现场施工管理面临的问题

我国建筑工程的施工现场十分复杂。因此需要制定科学的管理体系，针对项目，细化管理规则。一旦，施工现场缺乏科学的管理体系，将会出现以下几点问题。建筑实际施工与计划施工之间的偏差。因为施工管理规则没有细化，导致施工时间拖延，实际建筑施工

与计划施工不符。建筑施工操作人员的反操作行为。如果施工管理制度不完善，没有相应的规章制度，现场施工人员工作质量意识薄弱，施工人员便会依照自身的意识进行现场施工操作。那么，便会出现一些意想不到的问题，有时甚至会危害到整个建筑工程甚至发生重大生命事故。

三、优化建筑工程施工技术

（一）运用规划性的施工技术

建筑工程施工技术的规范性的提升对建筑施工技术的提高十分重要。规范建筑施工技术不仅符合建筑施工项目的要求，而且顺应时代的发展潮流。因此，如果要运用规范性的建筑施工技术必须要求：对建筑施工图纸进行严格的审核，以免出现技术上的问题，从而影响建筑施工的质量。对建筑施工成本进行全面化的预算。首先，必须对建筑施工的内容进行全面的了解，运用科学的运算方式，仔细认真地进行预算，并且将施工预算与施工日期相结合，使成本预算贯穿与建筑施工的各个环节。对施工材料和设备进行充分的准备。首先，必须建立一个施工材料检查与验收的系统。用来确保建筑施工工程的材料过关，并且实时检查设备的技术是否合格，以此来保证建筑工程施工的稳定进行。

（二）运用建筑工程生态施工技术

随着经济的发展，我国的环境问题也越来越突出。因此，在建筑工程施工中也必须考虑到如何应对环境污染的问题，利用建筑工程生态施工技术的优势，为建筑工程创造新的发展前景。建筑工程生态施工技术，从环保出发，以减少建筑工程施工对环境的污染为目的，以促进建筑项目与周围环境的融合为宗旨，以此来提高建筑工程施工的技术，为建筑企业的发展提供动力。并且，建筑工程生态施工技术的运用，还必须慎重选择建筑材料，充分考虑建筑材料的属性以及建筑施工之后，所产生的建筑垃圾的处理方式等。这些都需要通过仔细地考虑和探讨。

社会经济不断发展，我国建筑工程施工技术也开始逐渐提高。对于建筑工程而言，建筑的质量至关重要，而建筑的质量又与建筑施工技术紧密相关。可见，建筑施工技术对建筑企业的重要性。此外，现场施工管理也同样是建筑企业发展的重要因素，只有提高建筑施工技术和加强现场施工管理，才能促进建筑企业健康发展。本节主要分析建筑工程施工技术和探讨现场施工管理。

第三节　建筑工程施工现场工程质量控制

近年来，随着我国城镇化的不断发展，越来越多的工程质量管理与高难度、大规模以及高质量的质量管理要求难以进行匹配，所以在日常工作中不断加强质量管理模式及其方法的探索具有非常重要的意义。本节首先对建设工程施工现场质量管理的作用进行了分析，其次对目前建设工程施工现场质量管理中存在的主要问题也进行了重点的阐述并且针对相应的问题也提出了具有建设性的意见。

一、建筑工程现场施工质量控制概述

建筑工程在施工过程中，由于工程质量相对比较复杂，并且施工项目比较多，所以在施工过程中需要对质量进行严格控制，这就需要从各个环节入手。其中，在对施工准备环节进行质量控制时，需要根据施工情况进行施工组织的设计，并保证设计过程的有效性与可行性，同时还需要通过有效的方法来提升施工人员的综合素质，以此对整个工程施工质量进行有效地提高。此外，还需要避免一些因素的影响，比如施工材料、人员以及设备等，并在此基础上进行针对性方案的制定，以此提升施工效率。除此之外，建筑行业还需要管理体系的完善，对原材料质量严格把关，这在较大程度上可有效对质量进行有效的控制，不但能够提高施工质量，而且可有效节约施工成本，以此为施工企业经济效益的提升奠定良好基础。

二、建筑工程施工现场工程质量控制出现的问题

（一）监理单位监管不到位

一些监理单位在对工程施工监督的过程中力度不足，主要是因一些监理单位为了追求自身经济利益，导致监理人员配备不能达到要求，并且一些监理人员有缺岗的情况，同时现场监管系统也不完善，在一定程度上没有对施工现场一些材料以及设备等没有进行有效的检查工作，不但降低了监督质量，而且在较大程度上使施工现场工程质量控制得不到有效提升。

（二）工程施工材料质量不达标

我国建筑工程在施工过程中，在对施工材料进行选择的过程中需要遵守建筑行业相关标准，这对工程质量的提升有较大的帮助。但是，从目前来看，一些施工企业在进行施工材料的选购时没有按照建筑行业标准进行选购，直接导致建筑工程出现质量问题，尤其是混凝土比例不合理、水泥干土块稳定性较差以及掺合料不符合标准等，同时还出现板面开裂的问题，这在一定程度上会造成安全隐患。

（三）管理体制不完善

建筑工程在施工的过程中，管理体制在其中扮演着重要角色，能够对施工过程中的一些质量问题进行有效约束，但是在实际施工过程中，由于管理体制不完善，在较大程度上对工程施工质量管理水平的提升造成影响，使一些施工管理内容过于形式化，不能真正发挥其作用。

三、建筑工程施工现场质量管理应对策略

（一）提高施工人员的综合素质

在所有影响因素中，施工人员的综合素质是其中最为重要的影响因素之一，加强施工人员综合素质的提高，对促进我国建设工程施工现场的质量管理同样具有一定的意义。日常工作中施工人员需要做好自身的本职工作之外，施工单位也要重视加强施工人员的技术技能培训，只有这样才能不断提高施工人员的专业水平以及职业道德素质，进而为确保建设工程施工现场质量管理奠定一定的基础条件。除此之外，也可以广泛吸收人才，尤其是施工技术经验较丰富的人才，这样有利于带动新员工尽快成长，激发新员工的潜能，日常工作中也要给予足够多的时间让新老员工就施工技术方面的问题多进行交流，进而提高施工人员的施工技术水平。

（二）完善监理单位监管工作

建筑工程现场施工质量的提升较大程度上与监理部门全面监督有关，这就需要监理单位完善自身监管工作，肩负其监管责任，同时将监管责任落实到实处。此外，需要对监理单位进行监督程序的完善，对监督报告的标准性进行有效检查，还需要进行监理制度的有效制定，这在较大程度上能够在最大程度上发挥监督作用。

（三）建立统一的质量管理体系，完善质量管理制度

随着社会经济的快速发展以及建筑行业的不断进步，虽然建筑行业整体发展水平有所提升，但是部分施工单位依然沿用传统的建筑工程施工质量管理理念和模式，需要进一步改革创新。实践中可以看到，虽然制定了施工质量管理制度，但是实际中依然缺乏有效的措施和手段，以至于建筑工程施工质量管理只是流于形式，实际效果不好。基于此，笔者认为应当建立专门的管理小组，根据实践工况特点和先进理论，立足于拟建工程项目实况，制定科学和切实可行的建筑工程施工质量管理制度。由于建筑工程施工建设是一项非常复杂的工程，涉及很多方面的影响因素和问题，因此在制定建筑施工质量管理制度过程中应当对多种因素进行综合考虑，并在此基础上形成较为具体的施工质量管理措施，确保措施和方法的切实可行性和高效性。对于建筑工程项目而言，在施工过程中应当加强全过程管控，建筑工程施工决策阶段建设方应当做好准备工作，按照程序严格落实各项工作，以此来保证建筑工程施工管理工作顺利进行。

（四）提高施工原材料质量

建筑材料是建筑工程整体质量的保证，由此可以看出，只有保证原材料质量才能保证建筑行业整体质量的提高，这就需要对材料进行严格的检验，以此达到建筑行业材料设计标准，这也是建筑行业最为重要的环节。此外，还需要在此基础上对生产厂家的正规性进行查看，以确保原材料质量的提升。

综上所述，在企业生产经营过程中，建设工程施工现场质量管理作为其中的重要组成部分，其项目的整体质量与人们的生命财产安全息息相关，所以在日常工作中必须要加强

重视有重点、全过程管理，不断完善质量管理体系以及加强施工人员的综合素质和规范其施工技术，只有这样才能确保建设工程施工现场的质量管理，进而推动我国建筑行业的进一步发展。

第四节 工程测绘与建筑工程施工

在新时代背景下，我国经济水平逐步提高，建筑工程得到了人们普遍的关注。在施工项目之中，工程测绘一直都是其中非常重要的一部分，对项目的整体质量有着非常重要的影响。因此，相关人员理应提高重视程度，通过应用合理的措施进行控制，进而确保工程水平可以达到预期的水平。本篇文章主要描述了工程测绘的主要概念，探讨工程测绘在质量监控的主要特点，分析质量控制的主要意义，并对于实际应用方面发表一些个人的观点和看法。

从现阶段发展而言，为了保证建筑项目的水平能够达到预期，前期准备工作极为重要。这其中便包括工程测绘，通过测量的方式，了解项目的各方面数据信息，并绘制成图表，促使施工人员能够更好地进行作业，进而提升整体质量。

一、工程测绘的主要特点

对于工程测绘来说，自身有着多方面特点，诸如制图调查、图纸设计、材料选用以及尺寸设计等。因此在项目正式开展的过程中，公测测绘人员便需要对所有数据内容进行深入核对，确保没有任何缺陷存在，这也是企业对于质量展开控制的基础前提。对于工程施工本身来说，质量控制的重点核心便是工程测绘，同时还会对于建筑施工的材料、施工方法以及具体应用方面带来非常大的影响。

二、工程测绘在质量监控的主要意义

（一）提升制图工作的整体水平

通过提升施工团队自身的工程测绘技术，可以促使自身工程制图的整体水平得到有效提高，同时也会对建筑物各个不同阶段的质量控制工作带来较大的影响。无论是前期的调查和探索，还是施工之后的管理工作。在实际测绘的时候，如果需要针对地面展开测量，则需要对各类不同的测绘工具予以充分利用，详细把握建筑当前所处的位置、整体形状以及施工规模等。对于设计图本身来说，内容是否完善以及是否达到既定要求，都会对工程测绘带来较大的影响。之后施工团队再进行工程调查，获取图纸在制作时需要耗费的数据资料，防止由于图纸内部存在数据错误，对整个工程造成巨大影响，导致严重的经济损失产生，同时还能确保施工的售后服务得到全面强化。除此之外，工程测绘工作还会对于建筑工程施工的顺利程度带来影响，放在施工的过程之中，部分工作量会有所增加，抑或者某些工作内容出现了多次变动，从而可以和其他企业更好地展开交流工作，彼此交换自己的想法。对于建筑企业来说，理应将工程测绘对建筑质量控制的实际作用全部展现出来，依靠高精度测绘的方式，保证图纸内部的数据更具精确性，进而使得相关研究工作可以取得进一步突破。

（二）提升施工的整体质量

在近些年之中，我国的发展速度越来越快，尤其是经济增长速度方面，完全超出了早年的预期，从而对整个施工过程带来了巨大影响。对于施工的每一个阶段，施工企业都需要采取一些具有较高精确性且十分高效的测绘方式，并将现有的施工资源整合在一起，采取相关措施予以合理配置，为项目地正常开展奠定良好的基础，同时还能施工项目的有效性有所提升。当然，对于测绘工作来说，实际作用并非仅仅如此，在施工的过程中之中，无论是资金成本投入、设备使用还是人力资源方面都能够起到非常好的推动效果，从而使得系统能够及时得到更新，部分不足之处也能有所完善，同时还能对于数据出现的各类异常情况进行有效控制。对于建筑工程自身来说，不论哪一类建筑，质量都是其中最为重要的一项基础因素，施工质量的控制效果往往会直接取决于前期调查以及测量的具体结果。由此能够看出，按照规定要求展开测绘，可以使得计划经济变得更为合理，同时还能使得工程选址的精确度有所提升，以防会有严重的误差问题出现。如此一来，项目在实际开展的时候，对于周边乡镇带来的影响将会降至最低。在进行工程测绘的时候，还能完成定期测绘，以此得到相关数据资料，从而便能能够及时找出其中存在的各方面问题，并通过最为有效的措施进行处理，以防会有任何意外情况产生。不仅如此，在项目开展的过程之中，所有数据、资料、报告内容以及电子资料都会被工程测绘所影响，从而变得更为完善。

三、工程测绘在建筑施工中的实际应用

（一）布点和测量工作

项目开始前，会直接提供高程控制点及其他各方面的数据资料。之后再基于资料的内容在建筑物的四个方向分别设置一个固定的控制点，之后再将这些控制点以甲方的要求展开控制。基于当前场地的具体情况，对其中的部分数据展开相应的调整，如早建筑物周围的场地十分狭窄，东西向的控制点可以设置在东边，而南北向的控制点便能够设置在北边，同时还要保证实际布设足够集中，不能过于分散。而对于西、南两侧位置来说，单纯展开远向的复核控制点布设即可。之后项目便进入到了测试阶段，基于三等水准的要求展开测量。所有控制点都需要布设于周边的马路或者建筑物上方，同时还要保证其通视水平得到的要求。如此一来，施工人员在应用正倒镜分中法或者后视法的时候，全部都能确保测量的内容可以时刻控制在预期的范围之中。

（二）轴线和控制线的放样

首先，针对整个场地展开详细观察。并将场地的实际情况以及建筑物结构的基本特

点考虑进来，以此能够对测量工作展开合理控制。同时还要时刻遵循逐级控制的基础原则，由整体到局部，先针对整体展开控制，之后再逐步扩散到局部位置进行测量。基于场地当前的通视条件和场地的具体要求，将城市原本的导线点当作是控制点进行控制，确保其能够以场地为中心进行环绕，从而能形成首级控制导线网。在实际进行施工测量的时候，工作人员可以通过内外相结合的控制模式，一般将内控作为主要基础，而外控则能够算作是辅助，确保内外测量能够联系在一起。如果在进行轴线控制的时候，施工人员选择方格网的方式进行控制，最好不要选择边长长度过长的轴线，并将其看作是二级导线，将由于工程过大高差而产生的 1 角影响不断降低，防止工作人员在测量放样的过程中，地上部分会和地下部分之间出现了超差的问题。在原有的基础护坡位置，提前设置形状为"十"字的首要控制点，从而能够更好地对 1 级导线以及 2 级导线展开检核，确保实际得到的数据资料能够和控制测量的精度保持一致。最后则是通过正倒镜头的方式对控制点进行投测，之后再进行平差和复核，依靠直角坐标系的方式或者内分法的方式，促使墙体本身的控制线以及诸多细部线的方式展开测放。例如，在前期挖基坑的时候，工作人员便可以对边坡位置的上下口弦展开控制，同时具体的外放量则需要将坡度本身的情况考虑进来，以此提升计算的精确度。为了保证层间检测更具便利性，还需要提前在各个流水段之中设置好所有预留点，以此确保其密度达到要求。对于主楼而言，每一层都需要提前至少预留 9 个轴线控制点，并及时采取多种不同的方式对层间放线展开复核。不仅如此，工作人员还需要依靠激光铅直仪法的方式对空层间中不是特别复杂的点位进行验证和审核。

四、测绘工程提高质量控制的方法

其一是精度控制，为了保证施工进度和质量达到预期，理应创设平面控制网。基于这一情况在实际选择时，必须确保其达到规定的要求。同时还要尽可能将多方面因素考虑进来。

其二是标高传递，在实际测量的时候，应当参照项目施工的具体情况，采用三等水准点展开测量，并对于误差予以合理控制。这其中，出现概率最高的便是系统误差。

其三高程控制点的测量，在实际测量时，理应考虑三个方面。首先在侧脸高的时候，必须要参照设计单位提供的基准点，以此保证测量精度较高。其次是在布置三等水准点的过程中，必须有效把握水准点和建筑之间的距离，一般最好不能超过 20m。最后则是对精度范围展开复核，确定其达到规定要求之后，才能进行水准点的使用。

综上所述，在当前时代中，人们对于工程测绘工作的技术和质量均有着非常高的要求。为此，相关人员理应做好技术研究的工作，通过合理的措施确保其控制效果有所提升，进而提升整个建筑物自身的整体质量。

第五节　建筑工程施工安全监理

通过做好工程监理工作，不仅能够确保工程质量、安全达标，同时可以提高工程的经济与社会效益。但是，当前形势下，建筑工程施工安全监理管理水平仍然有待提高。本节先对建筑工程施工安全监理的现状进行探讨，并进一步研究当前施工安全监理存在的问题与不足，接着指出了提高建筑工程施工安全监理水平的有效措施，以期对相关同行做参考。

随着我国城市建设进程的不断推进，建筑工程在城市建设中占有越来越重要的地位，其不仅关系着人民群众的日常生活水平，还与城市整体形象息息相关，由此可见，建筑工程在城市建设中发挥着巨大的作用。在目前我国的工程监理中，由于受到建筑市场不稳定因素的影响，法律法规没有得到改善，仍有许多问题需要解决。诸如，施工安全事故频发，施工单位安全管理体系不健全，管理制度、工序工法落不到实处，施工安全监理管理不到位。建筑行业需要研究和解决这些问题，以推动行业积极发展。要建立健全建筑工程施工安全监理服务标准与奖罚体系，不断提高监理人员的综合素养，确保监理行业的健康发展。

一、我国建筑工程施工安全监理的现状

首先，建筑行业的特殊之处在于其占用的人力资源较大。由于建筑业作为劳动密集型产业，其施工人员的管理难度较大。在建筑工程项目的施工阶段，分工非常复杂，工作量大，人员流动性大。这些问题进一步加剧了项目施工安全监理管理的难度。其次，在建筑工程项目施工过程中，对从业人员的施工技能具有较高的要求，同时要求具备相当的专业知识。此外，现在员工自身也有很多不足。由于项目所需的工人规模较大，施工单位无法做到针对每个人的详细情况进行了解掌握，造成施工人员水平颇有偏差。另一方面，未受过良好教育的工人倾向于使用非标准操作，这极大地影响了项目的施工安全管理，也给项目安全管理埋下了较大的安全事故隐患。第三，从根本上讲，施工单位的项目安全管理组织架构不健全不完善，将造成项目施工安全监理管理非常的困难。虽然我国目前的建筑业早已初具规模，并形成了基于建设工程承包的基本组织结构，但作为施工企业的管理层，在工程中尚未实施完善的组织结构，产生了重大的施工安全监理管理漏洞问题。

二、当前安全监理存在的问题与不足

（一）建筑施工安全的法律法规不完善

建筑行业正在蓬勃发展。但是，现行的建筑安全法规已不能满足当前的施工条件。由于法律的滞后，越来越多的建设单位开始利用法律漏洞，如无证设计、无证施工、超限施工等屡有发生，给建筑工程施工带来严重的安全隐患。

（二）安全管理和监督体系不完善

在新形势下，工程总承包制度是建筑工程的一种常见形式。然而，大多数承包商还没有建立健全安全管理和监督体系，而只是注重缩短工期。这完全背离了安全建设的目的，在管理上存在着更多的安全风险。然而，一些建设单位虽然制定了安全管理办法，却没有实施和完善安全管理规定。因此，在现阶段，建筑工程施工现场的安全管理和监督体系仍不完善。

（三）施工人员素质不高，安全意识薄弱

一方面，建筑工人的教育水平普遍偏低，素质不高。他们仅略知自己在做什么，对建筑工程安全生产法律法规和设计要求没有清晰的理解。另一方面，施工单位或企业在施工前对建筑工人没有集中培训，导致建筑工人对工作的理解存在很大差距。所有这些都导致建筑工人缺乏安全意识。其中，建筑工程施工安全管理中消防安全意识的缺失越来越严重。由于建筑工程一般工程量较大，施工周期长，许多施工单位加快进度，为了方便施工，部分施工人员直接住在施工现场。施工人员长期居住在施工现场，生活设施简单，有的布线已经老化，内部布线暴露；加上集中用电，电源压力高，容易擦生火花，引起火灾。此外，施工人员流动性大、素质参差不齐、安全意识薄弱、协调管理困难等都是造成施工过程中安全问题的潜在因素。此外，建设单位不十分重视"安全第一"的原则。一旦发生事故，相应的应急措施没有到位，应急救援设备无法启动。

（四）安全监管不到位，监管薄弱

建筑工程施工安全管理与安全监管密不可分。如果没有安全监管，将给施工过程带来非常严重的安全隐患，影响工程的施工安全。建设单位、监理单位和政府监督管理部门在建筑工程施工安全监督管理中发挥着重要作用。任何偏离或忽略这三个主题都将导致危机。首先，施工单位自身安全生产管理和措施不到位，为了跟上施工进度和降低成本，很多施工单位安全设施和设备没有配备到位，施工设备报检不到位，施工工人往往忽视安全和质量问题，工程监理不够严格，力度不够强，只关注形式，没有严格的制度去约束他们的行为。第二，监理单位的监督检查工作存在盲点。监理人员如果未经上级允许擅自离开，谋取个人利益和其他违规行为，将会对整个项目的施工安全管理造成严重的影响。最后，政府监管当局应该发挥应有的作用。目前仍然存在监管人员素质低、追求私利、监管不足等问题。这主要是由于政府监管机构的管理力度不够，责任制度尚未落实。这不仅延缓了项目的施工进度，也鼓励了一些监理人员抓住机遇，谋求私利，为项目后期可能发生的危机埋下了伏笔。第三，操作人员素质不高，缺乏社会责任感和安全意识，工作时马虎行事，匆忙决定，导致监管工作无法真正贯彻和落实，无法达到相应的标准，最后只会给施工带来很大的损失，给项目的质量造成很大的威胁，也造成经济损失，而且还会给施工带来安全隐患和不利影响。

三、提高建筑工程施工安全监理水平的有效措施

（一）加强安全立法，完善建筑工程的相关法律法规

国家应该完善建筑工程的安全生产法律法规，为参建单位和人员安全生产提供法律和制度保障。这不仅需要加强安全立法，弥补现有法律的不足。还应督促各参建单位建立安全管理体系，改善和优化组织结构的工作环境，必须从根本上解决安全问题。首先，施工单位作为建筑工程施工安全管理的责任主体，要加强对施工安全观的认识和教育。建设施工队的施工安全管理制度应当在单位内部建立，各部门、各环节工作人员都必须参与，提高施工队伍和监督人员的积极性。其次，政府的执法部门应该："执法必须严格，违法必须被起诉"。建设单位要严肃处理违纪违法行为。监管者必须依法办事，并定期对施工单位进行监督。发现施工方法不当，施工设备不合格，应当立即进行制止。根据项目建设的实际情况，立法部门应完善相关的施工安全法规和生产安全法规，为建筑工程施工安全管理提供法律保障。

（二）督促施工企业完善相关安全管理制度

监理应督促施工企业结合各自的实际情况，参考自身的专业设备配备水平、专业人员雇用数量等因素建设最符合自身的完善的安全管理体系。项目施工过程中施工安全管理组织结构的完善程度直接决定了项目施工安全管理体系的合理性，以及安全事故的出现频率。安全管理成效好坏直接取决于施工安全生产管理体系的完善程度，如果施工安全生产管理体系的完善程度不高，那么实际操作过程中诸多突发的意外因素便会直接影响到工程施工的安全程度。因此一个合理且完备的安全管理制度是建筑工程施工中不可或缺的后备支持。

（三）加强施工设备的安全监理管理

施工现场设备的安全性也是建筑工程施工安全管理中有待解决的问题之一。先进的设备直接影响项目的质量和进度，特别是建筑工程施工所需的大型设备必须严格控制和管理。建筑工程施工过程中应用的机械设备众多，如土方施工设备、吊装类施工设备、垂直运输施工设备等，其安全管理一直是施工安全管理中的一项重要环节。施工前和施工后，应进行检查和评估，以消除摇篮中潜在的安全隐患。在设备进入施工现场之前，安排专业安全检查员对设备进行评估，记录设备数据并归档；设备使用后，仍需对设备进行再次监测。当发现故障时，应及时报告维修，以确保设备在后期的顺利使用，不延误施工进度。此外，其他小型设备的安全性能也应定期监测，日常维护也是必不可少的，以逐一消除可避免的潜在安全危害。监理可以通过检查施工机械、设备使用是否合理、确保设备的投入数量以及使用周期，在确保设备利用率的同时，也应定期检查机械设备的定期维护保养情况，确保机械设备的使用安全性，如若工程时间紧急，检修工作也可在施工间隙完成。

（四）加强施工管理人员的监理管理

增强施工管理人员安全施工的责任感，可以有效地避免建筑工程施工中出现的安全问题。对施工人员进行管理的第一步便是人员筛选以及合理分配问题，人员挑选期间应首先

将患有高血压、心脏病、恐高症等病症的人员排除出一线作业人员的候选名单。监理应督促施工企业与固定医疗企业合作，定期为从业人员安排体质检查，避免工程作业期间出现施工人员发病的现象。建立触碰安全生产高压线的检查处罚制度，安全生产培训与处罚并行。住建部 37 号令、31 号文这个文件各部门都引起了极大的重视。督促施工企业对已雇佣的施工人员进行安全知识培训，并在公告栏张贴安全知识宣传页、定期组织安全知识宣传活动，确保一线操作人员具有一定的安全知识储备，并在突发情况下可以进行一定的应急处理以及自我保护措施。在特种人员招收时应确保其具有专业的从业资格证书，对工程负责的同时也是对从业人员的负责。结合工程建设安全生产法律法规，重点对典型安全事故进行分析，并对其教训进行总结学习，以深化公众的安全意识。

（五）建立安全生产长期意识，杜绝麻痹思想

首先，安全生产管理工作是一项持续性的工作，只有起点，没有终点。对于某些工序，是一个循环的工程，需要长期坚持，常抓不懈，不断完善。其次安全生产管理需要主动出击，预防在前，不能被动接受。

（六）监理人员发现施工现场存在较大安全事故隐患时，要立即制止，及时上报安全生产管理情况

项目监理人员在实施监理过程中，如果看见施工人员不戴安全帽进入工地，施工违规操作等应立即制止；如发现工程施工存在安全事故隐患时，应签发监理通知单，要求施工单位进行整改，情况严重时，应签发工程暂停令，并及时报告建设单位，如施工单位拒不整改或不暂停施工时，项目监理机构应及时向有关主管部门报送监理报告。

综上所述，社会经济与科学技术的发展对建筑工程施工行业提供了发展机遇，尽管当前国家在施工技术方面已经取得一定的成就与发展，但是仍然在建筑工程施工安全监理管理方面存在一些弊端，给建筑工程施工安全管理造成了不良影响，近几年来由于施工单位安全管理体系不健全、制度不完善、管理不到位及监理单位在施工安全管理方面履职不到位而发生安全事故的事件时有发生。由于工程监理已经对建筑方面的发展与升级形成了很大的影响。所以如何提高建筑工程施工安全监理水平已经成为建筑工程施工安全管理必须面对并完善的重要问题。

第六节 建筑工程施工安全综述

建筑工程项目往往有着单一性、流动性、密集性、多专业协调的特征，其作业环境比较局限，难度较大，且施工现场存在着诸多不确定性因素，容易发生安全事故。在这个背景下，为了保障建筑安全生产，应将更多精力放在建筑工程施工安全管理上。下面，将先分析建筑工程施工安全事故诱因，再详细阐述相关安全管理策略，旨在打造一个安全施工环境，保证施工安全。

一、建筑工程施工安全事故诱因分析

建筑工程施工安全事故诱因主要体现于几个方面：（1）人为因素。人为失误所引起的不安全行为原因主要有生理、教育、心理、环境因素。从生理方面来看，当一个人带病上班或者有耳鸣等生理缺陷，极易产生失误行为。从心理方面来看，当一个人有自负、惰性、抑郁等心理问题，会在工作中频繁出现失误情况，最终诱发施工安全事故。（2）物的因素，其主要体现于当物处于一种非安全状态，会发生高空坠落不安全情况。如钢筋混凝土高空坠落、机器设备高空坠落等等，都是安全事故的重要体现。（3）环境因素。即在特大雨雪等恶劣环境下施工，无形中会增大安全事故发生可能性。

二、建筑工程施工安全管理对策

（一）加强施工安全文化管理

在建筑工程施工期间，要积极普及施工安全文化，加强施工安全文化建设。施工安全文化，包括了基础安全文化和专业安全文化，应在文化传播过程中采取多种宣传方式。如在公司大厅放置一台电视机，用来传播"态度决定一切，细节决定成败""合格的员工从严格遵守开始"等企业安全文化口号。在安全文化宣传期间，还可制定一个文化墙，用来展示公司简介、发展理念、"施工安全典范标榜人物""安全培训专栏"等，向全员普及施工安全文化，管理好建筑工程施工安全问题。而对于施工安全文化的建设，要切实做好培育工作，帮助每一位施工人员树立起良好的安全价值观、安全生产观，从根本上解决人的问题。同时，在企业安全文化建设期间，要提醒施工人员时刻约束自己的建筑生产安全不良状态，谨记"安全第一"。另外，要依据企业发展战略，建设安全文件，让施工人员在有章可循基础上积极调整自己的工作状态，避免出现工作失误情况影响施工安全。

（二）加强施工安全生产教育

在建筑工程施工中，安全生产教育十分紧迫，可有效控制不安全行为，降低安全事故发生概率。对于安全生产教育，要将安全思想教育、安全技术教育作为重点教育内容。其中，在安全思想教育阶段，应面向全体施工人员，向他们讲授建筑法律法规、生产纪律等理论知识。同时，选择一些比较典型的安全生产安全事故案例，警醒施工人员约束自己的违章作业和违章指挥行为，让施工人员真正了解到不安全行为所带来的严重影响。在安全技术教育阶段，要积极针对施工人员技术操作进行再培训。包括混凝土施工技术、模板工程施工技术、建筑防水施工技术、爆破工程施工技术等等，提高施工人员技术水平，减少技术操作失误可能性。在施工安全生产教育活动中，还要注意提高施工人员安全生产素质。因部分施工人员来自农村务工人员，他们整体素质较低，缺少施工经验。针对这一种情况，要加大对这一类施工人员的安全生产教育，提高他们安全意识。同时，要定期组织形式不同的安全生产教育活动，且不定期考察全体人员安全生产素质，有效改善施工安全问题。在施工安全生产教育活动中，也要对管理人员安全管理水平进行系统化培训，确保他们能够落实好施工中新工艺、新技术等的安全管理。

（三）加强施工安全体系完善

为了解决建筑工程施工中相关安全问题，要注意完善施工安全体系。对于施工安全体系的完善，应把握好几个要点问题：（1）要围绕"安全第一，预防为主"这个指导方针，鼓励施工单位、建设单位、勘察设计单位、工程监理单位、分包单位全员参与施工安全体系的编制，以"零事故"为目标，合作完成施工安全体系内容的制定，共同执行安全管理制度，向"重安全、重效率"方向转变。（2）要在保证全员参与体系内容制定基础上，逐一明确体系中总则、安全管理方针、目标、安全组织机构、安全资质、安全生产责任制、项目生产管理各项细则。其中，在项目生产管理体系中，要逐一完善安全生产教育培训管理制度、项目安全检查制度、安全事故处理报告制度、安全技术交底制度等。在项目安全检查制度中，明确要求应按照制度规定对制度落实、机械设备、施工现场等事故隐患进行全方位检查，避免人的因素、环境因素、物的因素所引起的安全问题。同时，明确规定要每月举行一次安全排查活动，主要负责对技术、施工等方面的安全问题进行排查，一旦发现问题所在，立即下达安全监察通知书，实现对施工安全问题的实时监督，及时整改安全技术等方面问题。在安全技术交底技术中，要明确规定必须进行新工艺、新技术、设备安装等的技术交底。

综上所述，人为因素、物的因素、环境因素会导致建筑工程施工安全事故，为降低这些因素所带来的影响，保证建筑工程施工安全，要做好施工安全文化管理工作，积极宣传施工安全文化概念和内涵，加强安全文化建设。同时，要做好施工安全生产方面的教育工作，要注意组织施工单位、建设单位、勘察设计单位、工程监理单位合作构建施工安全管理体系，高效管控施工中安全问题。

第三章 建筑工程施工技术

第一节 高层建筑工程施工技术

最近几年，我国社会经济有了飞速的发展进步，人们对建筑工程的各方面要求也越来越高，这便使建筑工程的施工难度不断增加。笔者深入的探究了建筑工程施工的各种技术，并指出了其中的问题和解决对策，希望能更好地促进建筑业的健康可持续发展。

深入分析高层建筑的实际施工可以发现，高层建筑的建设难度是很大的，因为高层建筑的整体结构更加复杂，平面以及立面的形式也更加多样，并且施工现场的面积又不够开阔，且现今人们不仅对建筑工程的整体质量有了更高的要求，还要求建筑工程的外表更加美观，上述这一系列问题的存在使高层建筑工程的施工难度不断增加，所以建筑施工企业一定要不断提高自己的施工水平，这样才能很好地保证建筑工程的整体质量，才能在激烈的市场竞争中取得立足之地。除此之外，建筑企业的设计工作者和施工者还必须根据实际的施工状况以及使用者对于工程的要求，确定可行高效的施工方案，并积极地引入先进的技术、工艺，还要严格地进行施工现场的管理工作。

一、高层建筑工程施工技术的特点

（一）工程量大

在高层建筑施工过程中，其建筑物规模都较为巨大，因此，建筑工人的工程量便会增多，工程承包方便需要聘用更多的施工人员，引进更多的施工机械。高层建筑物不仅工程量大，而且施工过程中存在较大的难度，在整体的施工过程中，建筑施工的过程中施工人员需不断进行一定的整合与创新，一方面对建筑物进行施工，另一方面涉及工程施工的具体流程进行优化。在此种情况下，高层建筑工程的施工难度便会逐渐增大，全体施工人员面临巨大的挑战。在此基础上，便使工程承包方与施工人员承受巨大的压力，对施工人员提出了更高的技术要求。

在施工人员对住宅、办公、商业区进行建筑施工的过程中，在不同时期，施工完成的工程量都是不同的，6月中旬，施工人员对商业区完成的工程量最大。建筑工程的施工量巨大，在不同季节，对施工人员面临着不同的挑战，其完成的工程量具有差异化的趋势。

（二）埋置深度大

对于高层建筑而言，其需具有一定程度的稳固性，使其避免出现坍塌的危险。在风力大的区域进行施工的过程中，施工人员更需注重建筑楼层的稳定性，保障人民群众的生命安全不会受到侵害。为使高层建筑的稳定性得到相应程度的保障，施工人员便需对建筑物的埋置深度进行合理的把控，在埋置的过程中，施工人员的地基深度需不小于建筑物整体高度的 1/12，建筑楼层的桩基需不小于建筑楼层整体高度的 1/15，此外，在建筑的过程中，施工人员需至少修建一个地下室，当发生安全问题的时候，现场施工人员能够进行逃生。

（三）施工过程长

在高层建筑工程的施工过程中，其工程量巨大，因此便需花费较大的时间进行工程施工，工程周期较短的需要几个月，工程周期较长的则需要几年。施工承包方为了获得较大的经济效益，其需将工程施工周期进行相应的缩短，在此基础上，施工承包方需要对工程的安全性得到一定程度的保障，在此种前提下，再将工程进行相应的优化。为了使工程施工周期得到相应程度的缩短，工程承包方需对施工过程的整体流程进行相应的把控，对于交叉施工的环节，施工承包方更需进行合理的调控，使施工周期得到一定程度的管控。

二、高层建筑工程施工技术分析

（一）结构转层施工技术

在高层建筑工程施工的过程中，施工人员需对建筑顶端轴线位置进行相应的调控，对上部顶端轴线位置的要求较小，而对于下部建筑物轴线的位置要求较高，施工人员需进行较大的调整。此种要求与施工人员建筑过程中的技术要领是一种相反的状态，在此种情况下，便使建筑工程施工技术与实际应用过程存在一定程度的差距，所以需运用特殊的工法进行房屋建筑工程的修建，在建筑施工的过程中，建筑人员需对楼层设置相应的转换层，在此种结构模式中，当发生地震的时候，楼层的抗震性便能得到相应程度的增强。此外，在建筑的过程中，建筑人员需对楼层的结构转换层的高度进行一定程度的限制，在合适的高度基础上，楼层的安全性才能得到相应程度的保障，进而使人民的生命健康免受威胁。

（二）混凝土工程施工技术

在施工的过程中，施工人员需使用混凝土进行工程的建设，因此，施工人员需对混凝土质量进行严格的把控，在混凝土质量检验的过程中，需遵照相应的标准，其是否具有较大的抗压性能，是否适应建筑工程施工技术的要求。在工程开展前，相应人员应对水泥标号开展相应程度的审查，在审查的基础上，避免出现较多的错误。此外，水泥与水需对水灰比进行合理的调控，在施工人员运用合理调控比例的情况下，才能确保工程施工的合理开展，工程混凝土施工技术得到相应程度的保障，在运用恰当比例配合的过程中，混凝土施工技术将得到更大程度的发展，从而确保工程的精细化施工。在混凝土施工过程中，需根据不同楼层的建筑面积进行不同的混凝土调配比例，从而使工程施工技术得到更大的发展。对于商场等特大建筑层，便需要施工人员进行较多的水凝土调配，在精准计划调配的基础上，保障高层建筑工程顺利施工。

（三）后浇带施工技术

在高层建筑的主楼与裙房间具有相应的后浇带，在实际生活中，当施工人员进行工程建筑施工的时候，会将主楼与裙房之间进行相应程度的连接，在连接的过程中，施工人员会使主楼处于中央的位置，裙房围绕主楼进行相应程度的环绕，在连接的过程中，主楼与裙房应进行一定程度的分开。在运用变形缝的基础上，会使高层建筑的整体布局发生相应程度的改动，为了使此种问题得到相应程度的缓解，施工人员便需运用后浇带施工技术，在运用此技术的过程中，便能使高层建筑处于稳固的状态中，使其不会出现相应程度的沉降危险，工程施工进度得到相应程度的保障。后浇带技术是一种新型的技术，其能适应高层建筑工程不断发展的步伐。

（四）悬挑外架施工技术

在脚手架搭建的过程中，在建筑物外侧立面全高度和长度范围内，随横向水平杆、纵向水平杆、立杆同步按搭接连接方式连续搭接与地面成 45～60° 之间范围内的夹角，此外，对于长度为 1m 的接杆应运用 5 根立杆的剪刀撑进行一定程度的固定，而对于剪刀撑的固定则应运用 3 个旋转的组件，在不断搭建的过程中，旋转部位与搭建杆之间应保持一定程度的距离，距离以 0.1m 为最佳范围，才能保证外架的稳定性。在高层建筑施工的过程中，当外架处于一种稳定的状态中，才能确保高层建筑工程施工的安全性。根据施工成本管理，低于 10m 不是最佳搭设高度，按照扣件式钢管脚手架安全规范的要求，悬挑脚手架的搭设高度不得超过 20m，20.1m 为最佳搭设高度。在脚手架搭设的过程中，其脚手架的立杆接头处应采用对接扣件，在交错布置的过程中，相邻的立杆接头应处于不同跨内，且错开的距离应至少 500mm，且接头与主中心节点处应小于 1/3。

在规范中以双轴对称截面钢梁做悬挑梁结构，其高度至少应为 160mm，且每个悬挑梁外应设置钢丝与上　层建筑物进行拉结，从而使其不参与受力计算。

总而言之，在高层建筑施工的过程中，施工承包方为使其建筑物的安全性得到一定程度的保障，其需要求施工人员对施工技术手段进行相应的调整。在不断调整的过程中，施工技术便能得到更大的发展，从而使高层建筑的施工质量得到相应程度的保障，人民处于安全的居住环境中，社会经济效益得到增长。

第二节　建筑工程施工测量放线技术

建筑工程施工测量是施工的第一道工序，是整个工程中占有主导地位的工程，而建筑施工测量放线技术则为施工中地的各个方面都提供了正常运行的保障。本节主要分析探讨了施工测量的流程和质量监控及其技术，以及视觉三维技术在测量放线技术中的应用。

一、概述

在建筑施工项目启动之后，首先要做的工作就是施工定位的放线，它对于整个工程施工的成功与否具有重要意义，在实际施工过程中，测量放线不仅要对施工进度的实时跟进，还要根据施工进度对设计标准和施工标准进行对比，及时改正施工误差，对建筑工程标准高度和平面位置进行测量。在每一个施工项目进行施工之前，测量放线时每一个施工项目施工之前必要的准备，不仅要对设计图纸进行反复的检验，还要对设计标准进行探究分析，保证每一个环节之下的标准都达到设计标准，施工人员严格按照图纸要求，照样施工，把图纸上体现出来的各个细节全部要在建筑物上展现。在施工人员进行测量放样事，如果要保证测量放线的可靠性和严谨性，就必须严格按照施工图纸进行施工，从而保证工程质量，降低返工率。还要对施工人员对于施工作业具有丰富的经验和熟练的器械设备操作经验。如果在测量放线的过程中出现差错，必然会对施工项目的建设成果造成不利的影响。在工程施工完成后，测量放线人员要根据竣工图进行竣工放线测量，从而对日后建筑可能出现的问题进行及时的维修工作。

二、建筑工程施工的测量的主要内容和准备工作

（一）测量放线的主要施工内容

主要施工内容是按照设计方的图纸要求严格进行测量工作，为了方便后期对施工项目的查验，对前期的施工场地做好土建平面控制基线或红线、桩点、表好的防线和验收记录，对垫板组进行相应的设置，然后对基础构件和预件的标准高度进行测量，建立主轴线网，保证基础施工的每一个环节都做到严格按照图纸施工，先整体，后局部，高精度控制。

（二）测量之前的准备工作

1. 测量仪器具的准备

严格按照国家有关规定，在钢框架结构中投入使用的计量仪器具必须经过权威的计量检测中心检测，在检测合格之后，填写相关信息的表格作为存档信息，应填写的表格有《计量测量设备周检通知单》《计量检测设备台账》《机械设备校准记录》《机械设备交接单》。

2. 测量人员的准备

相关操作的测量人员的配备要根据测量放线工程的测量工作量及其难易程度。

3. 主轴线的测量放线

根据建立的土建平面控制网和测量方案，对整个工程的控制点进行相应地主轴线网的建立，并设置住控制点和其余控制点。

4. 技术准备

做到对图纸的透彻了解并且满足工程施工的要求，对作业内的施工成果进行记录以便后期核查。

三、测量放线技术的应用

在每一个施工项目之前对其进行定位放线是关乎工程施工能否顺利进行的重要环节，平面控制网的测放以及垂直引测，标高控制网的测放以及钢珠的测量校正都是为了确保施工测量放线的准确与严谨，而测量放线技术的掌控能力则是每一个技术管理人员必备的技能。

（一）异形平面建筑物放线技术

在场面平整程度好的情况下，引用圆心，随时对其进行定位，如果在挖土方时，因为建筑物或土方的升高，出现圆心无法进行延高或者圆心被占时，就要对其垂直放线，进行引线的操作，这是在异形平面建筑物最基本的放线技术，根据实际施工情况选择等腰三角形法、勾股定理法和工具法等相应地进行测量放线。将激光铅直仪设置在首层标示的控制点上，逐一垂直引测到同一高度的楼层，布置六个循环，每 50 米为一段，避免测量结果的误差累计，确保测量过程的安全和测量结果的精准，做到高效且快速，保证测量达到设计标准。

（二）矩形建筑放线技术

在这种情况下，最常使用的测定方式有钉铁钉、打龙门桩和标记红三角标高，在垫层上打出桩子的位置且对四个角用红油漆进行相应的标注。在矩形的建筑中，通常要对规划设计人员在施工设计图中标注的坐标进行审核，根据实际的施工情况对其进行相应地坐标调整，减少误差，对建筑物的标高和主轴线进行相应的测量。

四、视觉三维测量技术在测量放线中的应用

随着科技的不断发展，动态和交互的三维可视技术已被广泛地应用到了对地理现象的演变过程的动态分析及模拟，在虚拟现实技术和卫星遥感技术中尤为明显。视觉三维测量技术就是把在三维空间中的一个场景描述映射到二维投影中，即监视器的平面上。在进行三维图像的绘制时，主要的流程大只就是将三维模型的外部用去面试题造型进行描述，大致逼近，从而在一个合适的二维坐标系中利用光照技术对每一个像素在可观的投影中赋予特定的颜色属性，显示在二维空间中，也就是将三维的数据通过坐标转换为二维的数据信息。

综上所述，在建筑工程施工测量放线技术在施工之前以及施工的过程中就被反复应用，关系到了整个施工项目的成败，对施工质量管理起着重要的影响作用，随着建筑造型的多样变化，测量放线技术的难度日益增加，应该在每一个环节的应用进行分析探讨，都要严格按照指定的施工方案实施，，从而保证工程施工的质量。

第三节 建筑工程施工的注浆技术

如今，随着时代的发展，建筑工程对于我国至关重要。而建筑工程是否优质，由注浆工作的优良决定。注浆技术就是将一定比例配好的浆液注入建筑土层中，使土壤中的缝隙达到充足的密实度，起到防水加固的作用。注浆技术之所以被广泛运用到建筑行业，是因为其具有工艺简单、效果明显等优点，但将注浆技术运用到建筑行业中也遇到了大大小小的问题。本节旨在通过实例来分析注浆技术，试图得出可以将注浆技术合理运用到建筑行业中的措施。

建筑工程十分繁杂，不仅包括建筑修建的策划，还包括建筑修建的工作，以及后面维修养护的工作。随着科技的飞速发展，建筑技术也不断地成熟，注浆技术也有一定程度的提升，而且可以更好地使用与建筑过程中，但是在运用的过程中也遇见了很对大大小小的问题，这不仅需要专业技术人员进行努力解决，还需要国家多颁布政策激励大家进行解决。注浆技术就是将合理比例的淤浆通过一个特殊的注浆设备注入土壤层，虽然过程看起来十分简单，但是在其运用过程中也有难以解决的问题。注浆技术运用于建筑工程中的主要优点就是：一定比例的浆料往往有很强的黏度，可以将土壤层的空隙紧密结合起来，填补土壤层的空隙，最终起到防水加固的作用。注浆技术在我国还处于初步发展阶段，没有什么实际的突破，需要我们进一步的进行探索研究。

一、注浆技术的基本概论

（一）注浆技术原理

注浆技术的理论基础随着时代和科技的发展越来越完善，越来越适合用于建筑工程中。注浆技术的原理十分简单，就是将有黏性的浆液通过特殊设备注入建筑土层中，填补土壤层的空隙，提高土壤层的密实度，使土壤层的硬度以及强度都能够得到一定程度的提升，这样当风雨来袭，建筑能够有很好的防水基础。值得注意的一点是，不同的建筑需要配定不同比例的浆液，这样才可以很好地填充土壤层缝隙，起到防水加固的作用。如果浆液配定的比例不合适，那么注浆这一步工作就不能产生实际的作用，造成工程量的增加，也浪费了大量的注浆资金。所以，在进行注浆工作前，要根据不同的建筑配备合理的浆液比例，这样才有利于后续注浆工作的进行。而且注浆设备也要进行定期的清理，不然在注浆的工程中，容易造成浆液的堵塞，影响后续工作的进行，而且当浆液凝固在注浆设备中，难以对注浆设备进行清理，容易造成注浆设备的报废，也对造成浆液资金的大量浪费。

（二）注浆技术的优势

注浆技术虽然处于初步发展阶段，但是却已经广泛运用于建筑工程中，其主要的原因是其具有三个优势：第一个优势是工艺简单；第二个优势是效果明显，第三个优势是综合性能好。注浆技术非常简单，就是将有黏性的浆液通过特殊设备注入建筑土层中，填补土壤层的空隙，提高土壤层的密实度，使土壤层的硬度以及强度都能够得到一定程度的提升。而且注浆技术可以在不同部位中进行应用，这样就有利于同时开工，提高工作效率；注浆技术也可以根据场景（高山、低地、湿地、干地等等）的变换而灵活更换施工材料和设备，比如在高地上可以更换长臂注浆设备，来满足不同场景下的施工需要。注浆技术最主要的优点就是效果明显，相关人员通过合适的注浆设备进行注浆，用浆液填补土壤层的空隙，最后能使建筑能够很好地防水和稳固，即使是洪水暴雨的来袭，墙壁也不容易进水和坍塌。在现实生活中，注浆技术十分重要，因为在地震频发的我国，可以有效地防止地震时建筑过早的坍塌，可以使人民有更多的逃离时间。综合性能好是注浆技术运用于建筑工程中最明显的优点。注浆技术将浆液注入土壤层中，能够很好地结合内部结构，不产生破坏，不仅可以很好地提升和保证建筑的质量，还可以延长建筑结构的寿命。也就是这些优势，才使注浆技术在建筑工程中如此受欢迎。

二、注浆技术的施工方法分析

注浆技术有很多种：高压喷射注浆法、静压注浆法、复合注浆法。高压喷射注浆法在注浆技术中是比较基础的一种技术，而静压注浆法主要应用于地基较软的情况，复合注浆法是将高压喷射注浆法和静压注浆法结合起来的方法，从而起到更好的加固效果。每种方法都有不同的优势，相关人员在进行注浆时，可以结合实际情况选择合适的注浆方法，这样才可以事半功倍，而且还可以将多种注浆方法进行结合使用，这样也有利于提高工作效率。下面进行详细介绍：

（一）高压喷射注浆法

高压喷射注浆法在注浆技术中是比较基础的一种技术。高压喷射注浆法最早不在我国运用，早在十八世纪二十年代的时候，日本首先应用了高压喷射法，并且取得了一定的成就。我国在几年引入高压喷射注浆法运用于建筑工程中，也取得了很好的结果，而且在使用的过程中，我国相关人员总结经验结合实例，对高压喷射注浆法进行了一定的改善，使其可以更好地运用在我国的建筑过程中。高压喷射注浆法主要运用基坑防渗中，这样有利于基坑不被地下水冲击而崩塌，保证基坑的完整性和稳固性；而且高压喷射注浆法也适用于建筑的其他部分，不仅可以使有效地进行防水，还进一步提高了其的稳定性。高压喷射注浆法比起静压注浆法，具有很明显的优势，就是高压喷射注浆法可以适用于不同的复杂环境中，而静压注浆施工方主要只能应用于地基较软的环境。但是静压注浆法比起高压喷射注浆法，也具有很大的优势，就是静压注浆法可以对建筑周围的环境也能给予一定保护，而高压喷射注浆法却不可以。

（二）静压注浆法

静压注浆施工方法主要应用于地基较软、土质较为疏松的情况。注浆的主要材料是混凝土，其自身具有较大的质量和压力，因而在地基的最底层能够得到最大程度的延伸。混凝土凝结时间较短，在延伸的过程中，会因为受到温度的影响而直接凝固，但是在实际的施工过程中，施工环境的温度局部会有不同，因而凝结的效果也大不相同。

（三）复合注浆法

复合注浆法具体来说即是由上文介绍的静压注浆法与高压喷射注浆法相结合的方法，所以其同时具备了静压注浆法与高压喷射注浆法的优点，在应用范围上也更加广泛。在应用复合注浆法进行加固施工时，首先通过高压喷射注浆法形成凝结体，然后再通过静压注浆法减少注浆的盲区，从而起到更好的加固效果。

三、房屋建筑土木工程施工中的注浆技术应用

注浆技术在房屋建筑土木工程施工中也被广泛应用，主要运用在土木结构部位、墙体结构、厨房与卫生间防渗水中。土木结构部位包括地基结构、大致框架结构等等，都需要注浆技术来进行加固。墙体一般会出现裂缝，如果每一条缝隙都需要人工来一条一条进行补充，不仅会加大工作压力，而且填补的质量得不到保证，这时就需要注浆技术来帮忙，通过将浆液注入缝隙中，可以很好地进行缝隙的填补，既不破坏内部结构，也不破坏外部结构。人们在厨房与卫生间经常用水，所以厨房和卫生间一定要注意防水，而使用注浆技术能够很好地增加土壤层的密实度，提高厨房和卫生间的防渗水性。下面进行详细的介绍：

土木结构部位应用随着注浆技术的应用范围越来越广，其技术也越来越成熟，特别是由于注浆技术的加固效果，使得各施工单位优先在施工过程中使用注浆技术。土木结构是建筑工程中最重要的一部分，只有结构稳固，才能保证建筑工程的基本质量。注浆技术能够对地基结构进行加固，其他结构部位也可利用注浆技术进行加固，尽管注浆技术有如此多的妙用，在利用注浆技术对土木结构部位加固时，要严格遵守以下施工规范：施工时要用合理比例的浆液，而且要选择合适的注浆设备，这样才能事半功倍，保证土木结构的稳定性。

（一）在墙体结构中的应用

墙体一旦出现裂缝就容易出现坍塌的现象，严重威胁着人民的安全。为此，需要采用注浆技术来有效加固房屋建筑的墙体结构，以防止出现裂缝，保证建筑质量。在实际施工中，应当采用粘接性较强的材料进行裂缝填补注浆，从而一方面填补空隙，一方面增加结构之间的连接力。另外在注浆后还要采取一定的保护措施，才能更好地提高建筑的稳固性，保证建筑工程的质量，进而保证人民的人身安全。

（二）厨房、卫生间防渗水应用

注浆技术在厨房、卫生间防渗水应用中使用的最频繁。注浆技术主要为房屋缝隙和结构进行填补加固。厨房、卫生间是用水较多的区域，它们与整个排水系统相连接，如发生渗透现象将会迅速扩散渗透范围，严重的话会波及其他建筑部位，最终发生坍塌的严重现象。因此解决厨房、卫生间防渗水问题，保证人民的人身安全时，要采用环氧注浆的方式：首先要切断渗水通道，开槽完后再对其注浆填补，完成对墙体的修整工作。

综上所述，注浆技术是建筑工程中不可缺乏且至关重要的技术，其不仅可以加固建筑，而且还可以提高建筑的防水技能。注浆技术有很多种：高压喷射注浆法、静压注浆法、复合注浆法，相关工作人员只有结合实际情况选择合适的注浆方法，才可以事半功倍，而且还可以结合使用多种注浆方法，提高工作人员的工作效率，保证建筑工程的质量。

第四节　建筑工程施工的节能技术

随着我国经济社会的快速发展，人们物质生活不断提高，越来越多的人住进了现代化的高楼大厦。而人们对建筑施工建筑的需求也是越来越高，越来越多的高楼大厦正在拔地而起。但是，在建筑施工过程中存在着许许多多的困难需要客服，对于建筑施工节能技术的研究亟待提高。因此面对这些问题如何进行克服是每一个从业者必须要面对的，在接下来的文章中将具体对建筑施工节能技术的研究进行分析。

随着我国经济和科技的不断发展，人们的生活水平逐渐提高，我国建筑行业也取得了较大进步，施工技术及工程质量也得到了较大提升。人们越来越重视节能、环保、绿色、低碳发展，因此这就对我国建筑工程施工过程提出了较高的要求，建筑企业应当根据时代发展的需求不断调整自身建筑方式以及施工技术，最大限度地满足用户的需求。建筑企业对建筑物进行创新、节能建设可以有效降低房屋施工过程中的能源损耗，提高建筑物的稳定性及安全性。随着社会发展进程不断加快，各种有害物质的排放量也逐渐增加，如若不及时加以控制人类必将受到大自然的反噬，因此将节能环保技术应用于建筑施工工程已经成为大势所趋。节能环保技术有助于节能减排，同时可以有效减少环境污染，促进我国能源利用可持续健康发展。

一、施工节能技术对建筑工程的影响

建筑节能技术对建筑工程主要有着三方面的影响：第一，节能技术的应用能够减少建筑施工中施工材料的使用。节能技术通过提高技术手段、优化施工工艺，采用更加科学、合理的架构，对建筑施工的整个过程进行优化，可以减少建筑施工过程中的物料使用与资源浪费，降低建筑工程的施工成本。第二，节能技术在建筑施工过程中的使用，能够降低建筑对周边环境的影响。传统的施工建筑过程中噪音污染、光污染、粉尘污染、地面垃圾污染问题严重，对施工工地周围居住的人民造成比较大的困扰，节能技术的应用可以将建筑物与周围的环境相融合，营造一个更加环境友好型的施工工地；第三，节能技术的应用帮助建筑充分的利用自然资源与能源，建筑在投入使用后可以减少对电力资源、水资源的消耗，提高建筑整体的环保等级，提高业主的舒适感。

二、施工节能技术的具体技术发展

（一）在新型热水采暖方面的运用

据调查统计，我国北部地区的采暖方式主要是燃烧煤炭。但是在其燃烧时会释放出 SO_2、CO_2 和灰尘颗粒等有害物质，这不但浪费了不可再生的煤炭资源，而且严重影响环境和居民健康。随着时代的进步，新型绿色节能技术的诞生意味着采暖方式也将向更加绿色环保的方向前进。例如采用水循环系统，即在工程施工时利用特殊管道的设置连接和循环水方法，使水资源和热能的利用率最大化，增加供暖时长，减小污染和浪费，改善居住环境。

（二）充分利用现代先进的科学技术，减少能源的消耗

随着科学技术的不断发展，越来越多的先进的技术被运用到当代的建筑当中去，并且这些技术对于环境的污染并不是很多，这就要求我们充分的利用这些技术。科学技术的不断发展可以很好地解决节能相关问题。利用先进的技术，要考虑楼间距的问题。动工的第一步就是开挖地基，这一过程必须运用先进的技术进行精密的计算，不能有一点的差错，只有完成好这一步才能更好地完成之后的工作，为日后建成打下坚实的第一步。而太阳能的使用也是十分有划时代意义的。太阳能作为一种清洁能源，取之不尽用之不竭，现在已经逐渐进入了千家万户之中。另外对于雨水的收集，进行雨水的情节处理，实现真正的水循环，可以减少水资源的浪费。充分利用自然界的水风太阳，实现资源的循环使用，真正地做到节能发展。

（三）将节能环保技术应用于建筑门窗施工中

在施工单位将建筑整体结构建设完之后，就应当进行建筑物的门窗施工。门窗施工工程在建筑物整体施工过程中占有较大地位，门窗的安装不仅需要大量的材料而且需要大量的安装工人，而材料质量较差的门窗会影响建筑整体的稳定性和安全性，在安装结束后还会出现一系列的问题，这就迫使施工单位进行二次安装，严重增加了施工成本，同时也降低了施工效率以及建筑质量。因此建筑企业在进行建筑物的门窗施工时，应当充分采用节能环保材料以及新型安装技术，完整实现门窗的基本功能，同时还能使其和建筑物整体完美融合，增强建筑物的环保性、稳定性、安全性以及美观性。

（四）建筑控温工程中的节能技术应用

建筑在施工过程中的温度控制基础设施主要是建筑的门窗。首先，在建筑的选址与朝向设计上，要应用先进的技能科技，通过合理的测绘和数据计算，根据当地的光照情况与风向情况，合理的设计建筑的门窗朝向与门窗开合方式，保障建筑在一天的时间内，有充足的自然光与自然风从窗户进入建筑内部，减少建筑后期装修中的温控设备与新风系统的能源资源消耗；其次，要科学的设计门窗在建筑中的位置、形状与比例，根据建筑的朝向和整体的室内空气调节系统的设计，制定合理的门窗比例，既不能将比例定得过大，造成室内空气与室外空气的过度交换，也不能定得过小，造成室内空气长期流通不畅；再次，

要采用节能技术，在门窗周围设置合理的温度阻尼区，令进入室内的外部空气的温度在温度阻尼区进行合理的升温或降温，使之与室内温度的差值减小，减少室内外的热量交换，降低建筑空调与新风系统的压力；最后，要选择节能的门窗玻璃材料与金属材料，例如，采用最新的铝断桥多层玻璃技术，增强窗户的密闭效果，减少室内外的热量交换。

综上所述，建筑施工中节能技术的应用，是现代建筑工艺发展的一种必然，既有利于建筑行业本身合理地利用资源能源，促进行业的健康可持续发展，也响应了我国建设环境保护型、资源节约型社会的号召，同时，也符合民众对新式建筑的普遍期待，是建筑施工行业由资源能源消耗型产业转向高新技术支持型产业的关键一步。

第五节　建筑工程施工绿色施工技术

本节以建筑工程的施工为说明对象，对施工过程中应用的绿色施工技术进行了深入的分析和研究，主要阐述了在建筑工程施工过程中应用绿色施工技术的目的和重要性所在，并且针对这个行业在未来发展中可能存在的问题进行了介绍，希望可以给读者带来一些有用的信息供读者进行参考和借鉴。

随着社会的不断进步和经济的快速发展，建筑行业在取得了长远发展的同时也面临着相应的问题：施工技术缺乏和环保理念贯彻问题等，给建筑工程的施工开展带来了很大的影响，所以解决这些问题是目前的关键所在，针对这种情况，有关部门和单位必须对绿色施工技术进行及时的改进和优化，然后在建筑工程施工中去应用这些绿色施工技术，让整个施工任务变得更加绿色和环保，提高建筑工程施工的质量。

一、对建筑工程施工绿色施工技术的应用研究

（一）在环保方面的研究

我国的建筑行业在众多工作人员的不懈努力之后和以前相比已经今非昔比，在世界的建筑行业领域也占有了一席之地，但是在建筑行业快速发展的同时相关部门却严重忽视了环境保护在建筑施工中的重要影响，仅关注经济效益而不忽视环境效益。从某种程度上而言，建筑工程的建设会利用大量的人力、物力和财力，并给施工现场周围的环境带来很大的损害，另外受到了施工技术落后和施工的机械设备落后的影响，这和我国的可持续发展战略是相违背的，并且人民群众的日常生活和工作都因为建筑工程的施工受到了很大的影响，无法保持正常的生活与工作状态，所以对建筑工程施工绿色施工技术进行优化迫在眉睫。绿色施工技术的目的就在于保证建筑工程施工过程中可以保护周围的环境不受破坏，和自然环境达到和谐相处。

传统的建筑工程施工技术在使用的过程中不可避免的将产生大量的环境污染问题，并对后期的环境改善工作提出新挑战。而通过绿色施工技术的应用，可以在提高环境保护效

果的同时，降低环境污染的产生。与此同时，通过利用环保型建材也可以减少建筑成本，并提高工程建设的质量效果和效率，由此建筑工程施工所带来的社会效益和经济效益最终实现了和谐的统一，给我国建筑行业的环保性和节能性带来了积极的作用，改善了以往建筑行业的高消耗和高污染的特点，让建筑工程的施工变得更加绿色环保。

（二）应用关键性技术

1. 施工材料的合理规划

传统的建筑工程建设中使用的施工技术在施工材料的使用中出现了过度浪费的现象，所以就给建筑工程建设增加了成本。然而，解决这一问题需要对施工材料进行合理的选择并不断地推动其进行改进和优化，从而减少建筑企业在材料方面的成本投入，实现对材料的高效使用。具体而言，选择一部分能够二次回收利用或者循环利用的原材料就是具体实施的方法。在建筑工程施工进行中，相关工作人员一定要严格遵守绿色施工的原则，而做到这一点就必须从材料的合理选择优化方面进行着手，优先利用无污染、环保的材料来进行施工建设。当然，其中对于材料的储存问题也要进行充分的考虑，减少因为方法问题而带来的损失。同时，针对建设中出现的问题还要进行后续环保处理，由工作人员借助一些先进的设备来对这些材料进行回收利用和处理，比如说目前经常用到的机械设备就是破碎机、制砖机和搅拌机等等。在对这些材料实现了回收利用之后还需要着重注意利用多重处理方式进行操作，对于处理后的材料重新利用，将废旧的木材等不可再生资源循环利用，提高资源利用效率，实现环保理念的贯彻。

除此之外，还需要在实践中展开对施工技术的选择和优化，对施工材料进行科学的管理和使用，减少因为材料或多或者使用方法不当而造成的材料浪费现象发生。在施工任务正式开始之前，施工人员一定要根据实际情况做好施工图纸的设计工作，对整个工作阶段进行很好的规划，对每一个环节每一个细节都可以被关注；并且在施工阶段工作人员一定要严格按照预先计划进行施工和材料的采购和使用，避免出现材料的浪费，给企业创造更大的经济效益和社会效益。

2. 水资源的合理利用

水资源目前是一种相对来说比较紧缺的资源，但是我国现在建筑行业关于水资源使用的现状却不容乐观，依然普遍的存在水资源浪费的现象，针对这种情况相关部位一定要采取措施进行及时的解决。在水资源合理利用中十分关键的环节之一就是基坑降水，这个阶段通过辅助水泵效果的实现可以有效地推动水资源的充分利用，并减少资源的浪费现象。通过储存水资源的方式也可以方便后续工作的使用，这一部分的水资源的具体应用主要体现在：对于楼层养护和临时消防的水资源利用的提供。从某种程度而言，这两个环节是可以减少水资源消耗的重要环节，可以最大化的减少水资源的浪费。

与此同时，建筑施工中还可以通过建造水资源的回收装置来实现水资源的合理利用，对施工现场周围区域的水资源展开回收处理，针对自然的雨水资源等进行储存、净化以及回收，提高各种水资源的利用效率。比如说，对施工区域附近来往的车辆展开清洗工作用水、路面清洁用水、对施工现场的洒水降尘处理用水等进行合理的规划设计，提高水资源利用效率。。除了上述以外，建筑行业必须严格制定有效的水质检测和卫生保障措施来实现非传统水源的使用和施工现场水资源的再利用，这样也可以最大限度上保证人的身体健康，提高建筑工程的施工质量效果。

3. 土地资源利用的节能处理

很多建筑工程在具体的建设施工过程中都会对于周围的土地造成破坏，并带来利用危害，这主要是是指：破坏土地植被生长情况、造成土地污染、减少水源养护、造成水资源的流失等现象。这些情况的存在会给周围的施工区域带来十分严重的影响。由此，针对这种情况相关部分必须提高对于施工环境周围地区的土地养护工作重视程度，及时采取有效措施进行问题的解决和土地资源的保护。而且，由于建筑施工程缺乏对于建筑施工的有效设计和合理规划，就导致其在具体施工阶段给土地带来很严重的影响；并且由于没有对施工的进度进行严格的把控，很大一部分的土地出于闲置状态，进而造成土地资源的浪费。对于这种问题的存在，需要有专门的人员进行施工方案的有效设计和重新规划，对于具体建设施工过程中土地利用情况进行全面的分析和研究对其有一个全面的了解和认识，最终形成对于建筑施工设备应用和施工材料选择的全面分析和合理设计。

除此之外，在做好提高资源利用效率工作的同时，还需要加强对节能措施推进工作的监督，对于在建筑施工中应用的各种电力资源、水资源、土地资源等进行节能利用，减少资源浪费现象的存在。当然，在条件允许的情况下，可以多利用一些可再生能源，发挥资源的替代效果。在建筑工程施工阶段要对机械设备管理制度进行不断地建立健全，对设备档案进行不断地丰富和完善。同时，做好基础的维修、防护工作，提高设备的使用寿命，并将其稳定在低消耗高效率的工作状态之下。

总而言之，建筑行业随着社会的不断进步和经济的快速发展也取得了快速发展，但是这同时也出现了许多问题，针对这种情况必须在施工阶段采用绿色施工技术并且对这项技术进行不断地改进和优化，对施工方案进行合理地安排和科学地规划，除此之外还需要培养施工人员地节约意识，制定合理的管理制度，避免出现材料浪费和污染的现象，给建筑工程的绿色施工打下一个坚实的基础，提高建筑工程施工的效率和质量。

第六节　水利水电建筑工程施工技术

随着经济的进步与社会的发展，人们越来越重视水利水电工程发挥的实际作用。水利水电工程对我国人民而言意义重大，若是没有水利水电工程，那么人民的日常起居都无法正常进行。为此，国家应当加强对水利水电工程的关注，确保水利水电工程的施工技术能够提高，从而促进水利水电工程的建设的发展。

一、水利工程的特点

水利工程的施工时间长久、强度大，其工程质量要求较高，责任重大等特点，所以，在水利工程的施工中，要高度注重施工过程的质量管理，保证水利工程的高效、安全运转。水利工程施工与一般土木工程的施工有许多相同之处，但水利工程施工有其自身的特点：

首先，水利工程起到雨洪排涝、农田灌溉、蓄水发电和生态景观的作用，因而对水工建筑物的稳定、承压、防渗、抗冲、耐磨、抗冻、抗裂等性能都有特殊要求，需按照水利水程的技术规范，采取专门的施工方法和措施，确保工程质量。

其次，水利工程多在河道、湖泊及其他水域施工，需根据水流的自然条件及工程建设的要求进行施工导流、截流及水下作业。

再次，水利工程对地基的要求比较严格，工程又常处于地质条件比较复杂的地区和部位，地基处理不好就会留下隐患，事后难以修补，需要采取专门的地基处理措施。

最后，水利工程要充分利用枯水期施工，有很强的季节性和必要的施工强度，与社会和自然环境关系密切。因而实施工程的影响较大，必须合理安排施工计划，以确保工程质量。

二、水利建筑工程施工技术分析

（一）分析水利建筑施工过程中施工导流与围堰技术

施工导流技术作为水利建筑工程建设，特别是对闸坝工程施工建设有着不可替代的作用。施工导流应用技术的优质与否直接影响着全部水利建设施工工程能否顺利完成交接。在实际工程建设过程中，施工导流技术是一项常见的施工工艺。现阶段，我国普遍采用修筑围堰的技术手段。

围堰是一种为了暂时解决水利建筑工程施工，而临时搭建在土坝上的挡水物。一般而言，围堰的建设需要占用一部分河床的空间。因此，在搭建围堰之前，工程技术管理人员应全面探究所处施工现场河床构造的稳定程度与复杂程度，避免发生由于通水空间过于狭小或者水流速度过于急促等问题，而给围堰造成巨大的冲击力。在实际建设水利施工工程时，利用施工导流技术能够良好的控制河床水流运动方向和速度。再加上，施工导流技术应用水平的高低，对整体水利建筑工程施工进程具有决定性作用。

（二）对大面积混凝土施工碾压技术的分析

混凝土碾压技术是一种可以利用大面积碾压来使得各种混凝土成分充分融合，并进行工程浇注的工程工艺。近年来，随着我国大中型水利建筑施工工程的大规模开展，这种大面积的混凝土施工碾压技术得到了广发的推广与实践，也呈现出了良好的发展态势。这种大面积混凝土施工碾压技术具有一般技术无法替代的优势，即能够通过这种技术的应用与实践取得相对较高的经济效益和社会效益。再加上，大面积施工碾压技术施工流程相对简单，施工投入相对较小，且施工效果显著，其得到了众多水利建筑工程队伍的信赖，被大量应用于各种大体积、大面积的施工项目中。与此同时，同普通的混凝土技术相比，这种大面积施工碾压技术还具有同土坝填充手段相类似，碾压土层表面比较平整，土坝掉落概率相对较低等优势。

（三）水利施工中水库土坝防渗、引水隧洞的衬砌与支护技术

（1）水库土坝防渗及加固。为了防止水库土坝变形发生渗漏，在施工过程中对坝基通常采用帷幕灌浆或者劈裂灌浆的方法，尽可能保证土坝内部形成连续的防渗体，从而消除水库土坝渗漏的隐患。在对坝体采用劈裂灌浆时，必须结合水利建筑工程的实际情况来确定灌浆孔的布置方式，一般是布置两排灌浆孔，即主排孔和副排孔。具体施工过程中，主排孔应沿着土坝的轴线方向布置，副排孔则需要布置在离坝轴线 1.5m 的上侧，并要与主排孔错开布置，孔距应该保持在 3 至 5 米范围内，同时尽量要保证灌浆孔穿透坝基在坝体内部形成一个连续的防渗体。而如果采用帷幕灌浆的方法，则应该在坝肩和坝体部位设两排灌浆孔，排距和劈裂灌浆大体一致，而孔距则应该保持在 3 到 4 米，同时要保证灌浆孔穿过透水层，还要选用适宜的水泥浆和灌浆压力，只有这样才能保证施工的质量。

（2）水工隧洞的衬砌与支护。水工隧洞的衬砌与支护是保证其顺利施工的重要手段。在水利建筑工程施工过程中常用的衬砌和支护技术主要包括：喷锚支护及现浇钢筋混凝等。其中现浇钢筋混凝土衬砌与一般的混凝土施工程序基本一致，同样要进行分缝、立模、扎筋及浇筑和振捣等；而水工隧洞的喷锚支护主要是采用喷射混凝土、钢筋锚杆和钢筋网的形式，对隧洞的围岩进行单独或者联合支护。值得注意的是在采用钢筋混凝土衬砌时，要注意外加剂的选用，同时要注意对钢筋混凝土的养护，确保水利建筑工程的施工质量。

（四）防渗灌浆施工技术

（1）土坝坝体劈裂灌浆法。在水利建筑工程施工中，可以通过分析坝体应力分布情况，根据灌浆压力条件，对沿着轴线方向的坝体予以劈裂，之后展开泥浆灌注施工，完成防渗墙的建设，同时对裂缝、漏洞予以堵塞，并且切断软弱土层，保证提高坝体的防渗性能，通过坝、浆相互压力机的应力作用，使坝体的稳定性能得到有效地提高，保证工程的正常使用。在对局部裂缝予以灌浆的时候，必须运用固结灌浆方式展开，这样才可以确保灌注的均匀性。假如坝体施工质量没有设计标准，甚至出现上下贯通横缝的情况，一定要进行权限劈裂灌浆，保证坝体的稳固性，实现坝体建设的经济效益与社会效益。

（2）高压喷射灌浆法。在进行高压喷射灌浆之前，需要先进行布孔，保证管内存在着一些水管、风管、水泥管，并且在管内设置喷射管，通过高压射流对土体进行相应的冲击。经过喷射流作用之后，互相搅拌土体与水泥浆液，上抬喷嘴，这样水泥浆就会逐渐凝固。在对地基展开具体施工的时候，一定要加强对设计方向、深度、结构、厚度等因素的考虑，保证地基可以逐渐凝结，形成一个比较稳固的壁状凝固体，进而有效达到预期的防身标准。在实际运用中，一定要按照防渗需求的不同，采用不同的方式进行

处理，如定喷、摆喷、旋喷等。灌浆法具有施工效率高、投资少、原料多、设备广等优点，然而，在实际施工中，一定要对其缺点进行充分的考虑，如地质环境的要求较高、施工中容易出现漏喷问题、器具使用繁多等，只有对各种因素进行全面的考虑，才可以保证施工的顺利完成，进而确保水利建筑工程具有相应的防身效果，实现水利建筑工程的经济效益与社会效益。

　　水利建筑工程施工技术的高低直接影响着水利项目应用效率的高低。因此，我们需要对水利工程的相关技艺进行深入的研究和分析，同时加强施工过程中的管理，保证其施工的顺利进行，确保水利建筑工程的施工质量，为未来国家经济的发展发挥其更加重要的作用。

第四章 建筑智能技术实践应用研究

第一节 建筑智能化中 BIM 技术的应用

BIM 是指建筑信息模型，利用信息化的手段围绕建筑工程构建结构模型，缓解建筑结构的设计压力。现阶段建筑智能化的发展中，BIM 技术得到了充分的应用，BIM 技术向智能建筑提供了优质的建筑信息模型，优化了建筑工程的智能化建设。由此，本节主要分析 BIM 技术在建筑智能化中的相关应用。

我国建筑工程朝向智能化的方向发展，智能建筑成为建筑行业的主流趋势，为了提高建筑智能化的水平，在智能建筑施工中引入了 BIM 技术，专门利用 BIM 技术的信息化，完善建筑智能化的施工环境。BIM 技术可以根据建筑智能化的要求实行信息化模型的控制，在模型中调整建筑智能化的建设方法，促使建筑智能化施工方案能够符合实际情况的需求。

一、建筑智能化中 BIM 技术特征

分析建筑智能化中 BIM 技术的特征表现，如：

（1）可视化特征，BIM 构成的建筑信息模型在建筑智能化中具有可视化的表现，围绕建筑模拟了三维立体图形，促使工作人员在可视化的条件下能够处理智能建筑中的各项操作，强化建筑施工的控制；

（2）协调性特征，智能建筑中涉及很多模块，如土建、装修等，在智能建筑中采用 BIM 技术，实现各项模块之间的协调性，以免建筑工程中出现不协调的情况，同时还能预防建筑施工进度上出现问题；

（3）优化性特征，智能建筑中的 BIM 具有优化性的特征，BIM 模型中提供了完整的建筑信息，优化了智能建筑的设计、施工，简化智能建筑的施工操作。

二、建筑智能化中 BIM 技术应用

结合建筑智能化的发展，分析 BIM 技术的应用，主要从以下几个方面分析 BIM 在智能建筑工程中的应用。

（一）设计应用

BIM 技术在智能建筑的设计阶段，首先构建了 BIM 平台，在 BIM 平台中具备智能建筑设计时可用的数据库，由设计人员到智能建筑的施工现场实行勘察，收集与智能建筑相

关的数值，之后把数据输入到 BIM 平台的数据库内，此时安排 BIM 建模工作，利用 BIM 的建模功能，根据现场勘察的真实数据，在设计阶段构建出符合建筑实况的立体模型，设计人员在模型中完成各项智能建筑的设计工作，而且模型中可以评估设计方案是否符合智能建筑的实际情况。BIM 平台数据库的应用，在智能建筑设计阶段提供了信息传递的途径，拉近了不同模块设计人员的距离，避免出现信息交流不畅的情况，以便实现设计人员之间的协同作业。例如：智能建筑中涉及弱电系统、强电系统等，建筑中安装的智能设备较多，此时就可以通过 BIM 平台展示设计模型，数据库内写入了与该方案相关的数据信息，直接在 BIM 中调整模型弱电、强度以及智能设备的设计方式，促使智能建筑的各项系统功能均可达到规范的标准。

（二）施工应用

建筑智能化的施工过程中，工程本身会受到多种因素的干扰，增加了建筑施工的压力。现阶段建筑智能化的发展过程中，建筑体系表现出大规模、复杂化的特征，在智能建筑施工中引起了效率偏低的情况，再加上智能建筑的多功能要求，更是增加了建筑施工的困难度。智能建筑施工时采用了 BIM 技术，改变了传统施工建设的方法，更加注重施工现场的资源配置。以某高层智能办公楼为例，分析 BIM 技术在施工阶段中的应用，该高层智能办公楼集成了娱乐、餐饮、办公、商务等多种功能，共计 32 层楼，属于典型的智能建筑，该建筑施工时采用 BIM 技术，根据智能建筑的实际情况规划好资源的配置，合理分配施工中材料、设备、人力等资源的分配，而且 BIM 技术还能根据天气状况调整建筑的施工工艺，该案例施工中期有强降水，为了避免影响混凝土的浇筑，利用 BIM 模型调整了混凝土的浇筑工期，BIM 技术在该案例中非常注重施工时间的安排，在时间节点上匹配好施工工艺，案例中 BIM 模型专门为建筑施工提供了可视化的操作，也就是利用可视化技术营造可视化的条件，提前观察智能办公楼的施工效果，直观反馈出施工的状态，进而在此基础上规划好智能办公楼施工中的工艺、工序，合理分配施工内容，BIM 在该案例中提供实时监控的条件，在智能办公楼的整个工期内安排全方位的监控，避免建筑施工时出现技术问题。

（三）运营应用

BIM 技术在建筑智能化的运营阶段也起到了关键的作用，智能建筑竣工后会进入运营阶段，分析 BIM 在智能建筑运营阶段中的应用，维护智能建筑运营的稳定性。本节主要以智能建筑中的弱电系统为例，分析 BIM 技术在建筑运营中的应用。弱电系统竣工后，运营单位会把弱电系统的后期维护工作交由施工单位，此时弱电系统的运营单位无法准确地了解具体的运行，导致大量的维护资料丢失，运营中采用 BIM 技术实现了参数信息的互通，即使施工人员维护弱电系统的后期运行，运营人员也能在 BIM 平台中了解参数信息，同时 BIM 专门建立了弱电系统的运营模型，采用立体化的模型直观显示运维数据，匹配好弱电系统的数据与资料，辅助提高后期运维的水平。

三、建筑智能化中 BIM 技术发展

BIM 技术在建筑智能化中的发展，应该积极引入信息化技术，实现 BIM 技术与信息化技术的相互融合，确保 BIM 技术能够应用到智能建筑的各个方面。现阶段 BIM 技术已经得到了充分的应用，在智能化建筑的应用中需要做好 BIM 技术的发展工作，深化 BIM 技术的实践应用，满足建筑智能化的需求。信息化技术是 BIM 的基础支持，在未来发展中规划好信息化技术，推进 BIM 在建筑智能化中的发展。

建筑智能化中 BIM 技术特征明显，规划好 BIM 技术在建筑智能化中的应用，同时推进 BIM 技术的发展，促使 BIM 技术能够满足建筑工程智能化的发展。BIM 技术在建筑智能化中具有重要的作用，推进了建筑智能化的发展，最重要的是 BIM 技术辅助建筑工程实现了智能化，加强了现代智能化建筑施工。

第二节　绿色建筑体系中建筑智能化的应用

由于我国社会经济的持续增长，绿色建筑体系逐渐走进人们视野，在绿色建筑体系当中，通过合理应用建筑智能化，不但能够保证建筑体系结构完整，其各项功能得到充分发挥，为居民提供一个更加优美、舒适的生活空间。鉴于此，本节主要分析建筑智能化在绿色建筑体系当中的具体应用。

一、绿色建筑体系中科学应用建筑智能化的重要性

建筑智能化并没有一个明确的定义，美国研究学者指出，所谓建筑智能化，主要指的是在满足建筑结构要求的前提之下，对建筑体系内部结构进行科学优化，为居民提供一个更加便利、宽松的生活环境。而欧盟则认为智能化建筑是对建筑内部资源的高效管理，在不断降低建筑体系施工与维护成本的基础之上，用户能够更好地享受服务。国际智能工程学会则认为，建筑智能化能够满足用户安全、舒适的居住需求，与普通建筑工程相比，这类建筑的灵活性较强。我国研究人员对建筑智能化的定位是施工设备的智能化，将施工设备管理与施工管理进行有效结合，真正实现以人为本的目标。

由于我国居民生活水平的不断提升，绿色建筑得到了大规模的发展，在绿色建筑体系当中，通过妥善应用建筑智能化技术，能够有效提升绿色建筑体系的安全性能与舒适性能，真正达到节约资源的目标，对建筑周围的生态环境起到良好改善作用。结合《绿色建筑评价标准》（GB/T50328—2014）中的有关规定能够得知，通过大力发展绿色建筑体系，能够让居民与自然环境和谐相处，保证建筑的使用空间得到更好利用。

二、绿色建筑体系的特点

（一）节能性

与普通建筑相比，绿色建筑体系的节能性更加明显，能够保证建筑工程中的各项能源真正实现循环利用。例如，在某大型绿色建筑工程当中，设计人员通过将垃圾进行分类处理，能够保证生活废物得到高效处理，减少生活污染物的排放量。由于绿色建筑结构比较简单，居民的活动空间变得越来越大，建筑可利用空间的不断加大，有效提升了人们的居住质量。

（二）经济性

绿色建筑体系具有经济性特点，由于绿色建筑内部的各项设施比较完善，能够全面满足居民的生活、娱乐需求，促进居民之间的和谐沟通。为了保证太阳能的合理利用，有关设计人员结合绿色建筑体系特点，制定了合理的节水、节能应急预案，并结合绿色建筑体系运行过程中时常出现的问题，制定了相应的解决对策，在提升绿色建筑体系可靠性的同时，充分发挥该类建筑工程的各项功能，使得绿色建筑体系的经济性能得到更好体现。

三、绿色建筑体系中建筑智能化的具体应用

（一）工程概况

某项目地上 34 层为住宅楼，地下两层为停车室，总建筑面积为 12365.95m²，占地面积为 1685.32m²。在该建筑工程当中，通过合理应用建筑智能化理念，能够有效提高建筑内部空间的使用效果，进一步满足人们的居住需求。绿色建筑工程设计人员在实际工作当中，要运用"绿色"理念，"智能"手段，对绿色建筑体系进行合理规划，并认真遵守《绿色建筑技术导则》中的有关规定，不断提高绿色建筑的安全性能与可靠性能。

（二）设计阶段建筑智能化的应用

在绿色建筑设计阶段，设计人员要明确绿色建筑体系的设计要求，对室内环境与室外环境进行合理优化，节约大量的水资源、材料资源，进一步提升绿色建筑室内环境质量。在设计室外环境的过程当中，可以栽种适应力较强、生长速度快的树木，并采用无公害病虫害防治技术，不断规范杀虫剂与除草剂的使用量，防止杀虫剂与除草剂对土壤与地下水环境产生严重危害。为了进一步提升绿色建筑体系结构的完整性，社区物业部门需要建立相应的化学药品管理责任制度，并准确记录下树木病虫害防治药品的使用情况，定期引进生物制剂与仿生制剂等先进的无公害防治技术。

除此之外，设计人员还要根据该地区的地形地貌，对原有的工程设计方案进行优化，并不断减小工程施工对周围环境产生的影响，特别是水体与植被的影响等。设计人员还要考虑工程施工对周围地形地貌、水体与植被的影响，并在工程施工结束之后，及时采用生态复原措施，保证原场地环境更加完整。设计人员还要结合该地区的土壤条件，对其进行生态化处理，针对施工现场中可能出现的污染水体，采取先进的净化措施进行处理，在提升污染水体净化效果的同时，真正实现水资源的循环利用。

（三）施工阶段建筑智能化的应用

在绿色建筑工程施工阶段，通过应用建筑智能化技术，能够有效降低生态环境负荷，对该地区的水文环境起到良好地保护作用，真正实现提升各项能源利用效率、减少水资源浪费的目标。建筑智能化技术的应用，主要体现在工程管理方面，施工管理人员通过利用信息技术，将工程中的各项信息进行收集与汇总，在这个过程当中，如果出现错误的施工信息，软件能够准确识别，更好的减轻了施工管理人员的工作负担。

在该绿色建筑工程项目当中，施工人员进行海绵城市建设，其建筑规模如下：①在小区当中的停车位位置铺装透水材料，主要包括非机动车位与机动车位，防止地表雨水的流失。②合理设置下凹式绿地，该下凹式绿地占地面地下室顶板绿地的 90%，具有较好的调节储蓄功能。③该工程项目设置屋顶绿化 698.25m²，剩余的屋面则布置太阳能设备，通过在屋顶布设合理的绿化，能够有效减少热岛效应的出现，减少雨水的地表径流量，对绿色建筑工程项目的使用环境起到良好的美化作用。

（四）运行阶段建筑智能化的应用

在绿色建筑工程项目运行与维护阶段，建筑智能化技术的合理应用，能够保证项目中的网络管理系统更加稳定运行，真正实现资源、消耗品与绿色的高效管理。所谓网络管理系统，能够对工程项目中的各项能耗与环境质量进行全面监管，保证小区物业管理水平与效率得到全面提升。在该绿色建筑工程项目当中，施工人员最好不采用电直接加热设备作为供暖控台系统，要对原有的采暖与空调系统冷热源进行科学改进，并结合该地区的气候特点、建筑项目的负荷特性，选择相应的热源形式。该绿色建筑工程项目中采用集中空调供暖设备，拟采用 2 台螺杆式水冷冷水机组，机组制冷量为 1160kW 左右。

综上所述，通过详细介绍建筑智能化技术在绿色建筑体系设计阶段、施工阶段、运行阶段的应用要点，能够帮助有关人员更好地了解建筑智能化技术的应用流程，对绿色建筑体系的稳定发展起到良好推动作用。对于绿色建筑工程项目中的设计人员而言，要主动学习先进的建筑智能化技术，不断提高自身的智能化管理能力，保证建筑智能化在绿色建筑体系中得到更好运用。

第三节　建筑电气与智能化建筑的发展和应用

智能化建筑在当前建筑行业中越来越常见，对于智能化建筑的构建和运营而言，建筑电气系统需要引起高度关注，只有确保所有建筑电气系统能够稳定有序运行，进而才能够更好保障智能化建筑应有功能的表达。基于此，针对建筑电气与智能化建筑的应用予以深入探究，成为未来智能化建筑发展的重要方向，本节就首先介绍了现阶段建筑电气和智能化建筑的发展状况，然后又具体探讨了建筑电气智能化系统的应用，以供参考。

现阶段智能化建筑的发展越来越受重视，为了进一步凸显智能化建筑的应用效益，提升智能化建筑的功能价值，必然需要重点围绕着智能化建筑的电气系统进行优化布置，以求形成更为协调有序的整体运行效果。在建筑电气和智能化建筑的发展中，当前受重视程度越来越高，尤其是伴随着各类先进技术手段的创新应用，建筑智能化电气系统的运行同样也越来越高效。但是针对建筑电气和智能化建筑的具体应用方式和要点依然有待于进一步探究。

一、建筑电气和智能化建筑的发展

当前建筑行业的发展速度越来越快，不仅仅表现在施工技术的创新优化上，往往还和建筑工程项目中引入的大量先进技术和设备有关，尤其是对于智能化建筑的构建，更是在实际应用中表现出了较强的作用价值。对于智能化建筑的构建和实际应用而言，其往往表现出了多方面优势，比如可以更大程度上满足用户的需求，体现更强的人性化理念，在节能环保以及安全保障方面同样也具备更强作用，成为未来建筑行业发展的重要方向。在智能化建筑施工构建中，各类电气设备的应用成为重中之重，只有确保所有电气设备能够稳定有序运行，进而才能够满足应用功能。基于此，建筑电气和智能化建筑的协同发展应该引起高度关注，以求促使智能化建筑可以表现出更强的应用价值。

在建筑电气和智能化建筑的协同发展中，智能化建筑电气理念成为关键发展点，也是未来我国住宅优化发展的方向，有助于确保所有住宅内电气设备的稳定可靠运行。当然，伴随着建筑物内部电气设备的不断增多，相应智能化建筑电气系统的构建难度同样也比较大，对于设计以及施工布线等都提出了更高要求。同时，对于智能化建筑电气系统中涉及的所有电气设备以及管线材料也应该加大关注力度，以求更好维系整个智能化建筑电气系统的稳定运行，这也是未来发展和优化的重要关注点。

从现阶段建筑电气和智能化建筑的发展需求上来看，首先应该关注以人为本的理念，要求相应智能化建筑电气系统的运行可以较好符合人们提出的多方面要求，尤其是需要注重为建筑物居住者营造较为舒适的室内环境，可以更好提升建筑物居住质量；其次，在智能化建筑电气系统的构建和运行中还需要充分考虑到节能需求，这也是开发该系统的重要目标，需要促使其能够充分节约以往建筑电气系统运行中不必要的能源消耗，在更为节能的前提下提升建筑物运行价值；最后，建筑电气和智能化建筑的优化发展还需要充分关注于建筑物的安全性，能够切实围绕着相应系统的安全防护功能予以优化，确保安全监管更为全面，同时能够借助于自动控制手段形成全方位保护，进一步提升智能化建筑应用价值。

二、建筑电气与智能化建筑的应用

（一）智能化电气照明系统

在智能化建筑构建中，电气照明系统作为必不可少的重要组成部分应该予以高度关注，确保电气照明系统的运用能够体现出较强的智能化特点，可以在照明系统能耗损失控制以及照明效果优化等方面发挥积极作用。电气照明系统虽然在长期运行下并不会需要大量的电能，但是同样也会出现明显的能耗损失，以往照明系统中往往有 15% 左右的电力能源被浪费，这也就成为建筑电气和智能化建筑优化应用的重要着眼点。针对整个电气照明系统进行智能化处理需要首先考虑到照明系统的调节和控制，在选定高质量灯源的前提下，借助于恰当灵活的调控系统，实现照明强度的实时控制，如此也就可以更好满足居住者的照明需求，同时还有助于规避不必要的电力能源损耗。虽然电气照明系统的智能化控制相对简单，但是同样也涉及了较多的控制单元和功能需求，比如时间控制、亮度记忆控制、调光控制以及软启动控制等，都需要灵活运用到建筑电气照明系统中，同时借助于集中控制和现场控制，实现对于智能化电气照明系统的优化管控，以便更好提升其运行效果。

（二）BAS 线路

建筑电气和智能化建筑的具体应用还需要重点考虑到 BAS 线路的合理布设，确保整个 BAS 运行更为顺畅高效，避免在任何环节中出现严重隐患问题。在 BAS 线路布设中，首先应该考虑到各类不同线路的选用需求，比如通信线路、流量计线路以及各类传感器线路，都需要选用屏蔽线进行布设，甚至需要采取相应产品制造商提供的专门导线，以避免在后续运行中出现运行不畅现象。在 BAS 线路布设中还需要充分考虑到弱电系统相关联的各类线路连接需求，确保这些线路的布设更为合理，尤其是对于大量电子设备的协调运行要求，更是应该借助于恰当的线路布设予以满足。另外，为了更好确保弱电系统以及相关设备的安全稳定运行，还需要切实围绕着接地线路进行严格把关，确保各方面的接地处理都可以得到规范执行，除了传统的保护接地，还需要关注于弱电系统提出的屏蔽接地以及信号接地等高要求，对于该方面线路电阻进行准确把关，避免出现接地功能受损问题。

（三）弱电系统和强电系统的协调配合

在建筑电气与智能化建筑构建应用中，弱电系统和强电系统之间的协调配合同样也应该引起高度重视，避免因为两者间存在的明显不一致问题，影响到后续各类电气设备的运行状态。在智能化建筑中做好弱电系统和强电系统的协调配合往往还需要首先分析两者间的相互作用机制，对于强电系统中涉及的各类电气设备进行充分研究，探讨如何借助于弱电系统予以调控管理，以促使其可以发挥出理想的作用价值。比如在智能化建筑中进行空调系统的构建，就需要重点关注于空调设备和相关监控系统的协调配合，促使空调系统不仅仅可以稳定运行，还能够有效借助于温度传感器以及湿度传感器进行实时调控，以便空调设备可以更好地服务于室内环境，确保智能化建筑的应用价值得到进一步提升。

（四）系统集成

对于建筑电气与智能化建筑的应用而言，因为其弱电系统相对较为复杂，往往包含多个子系统，如此也就必然需要重点围绕着这些弱电项目子系统进行有效集成，确保智能化建筑运行更为高效稳定。基于此，为了更好促使智能化建筑中涉及的所有信息都能够得到有效共享，应该首先关注各个弱电子系统之间的协调性，尽量避免相互之间存在明显冲突。当前智能楼宇集成水平越来越高，但是同样也存在着一些缺陷，有待于进一步优化完善。

在当前建筑电气与智能化建筑的发展中，为了更好提升其应用价值，往往需要重点围绕着智能化建筑电气系统的各个组成部分进行全方位分析，以求形成更为完整协调的运行机制，切实优化智能化建筑应用价值。

第四节　建筑智能化系统集成设计与应用

随着社会不断进步，建筑的使用功能获得极大丰富，从开始单纯为人们遮风挡雨，到现在协助人们完成各项生活、生产活动，其数字化水平、信息化程度和安全系数受到了人们的广泛关注。

由此可以看出，建筑智能化必将成为时代发展的趋势和方向。如今，集成系统在建筑的智能化建设中得到了广泛应用，引起了建筑物质的变化。

一、现代建筑智能化发展现状

科学技术的进步推动了建筑行业的改革与发展。近年来，我国的智能化建筑领域呈现出良好的发展态势，并且其在设计、结构、使用等方面与传统建筑相互有着明显的差别，因此备受人们的关注。

如今，我们已经进入了网络时代，建筑建设也逐渐向集成化和科学化方向发展。智能建筑全部采用现代技术，并将一系列信息化设备应用到建筑设计和实际施工中，使智能建筑具有强大的实用性功能，进而为人们的生产生活提供更为优质的服务。

现阶段，各个国家对智能建筑均持不同的意见与看法，我国针对智能建筑也颁布了一系列的政策与标准。总的来说，智能建筑发展必须以信息集成技术为支撑，而如何实现系统集成技术在智能建筑中的良好应用，提高用户的使用体验就成了建筑行业亟须研究的问题。

二、建筑智能化系统集成目标

建筑智能化系统的建立，首先需要确定集成目标，而目标是否科学合理，对建筑智能化系统的建立具有决定性意义。在具体施工中，经常会出现目标评价标准不统一，或是目标不明确的情况，进而导致承包方与业主出现严重的分歧，甚至出现工程返工的情况，这造成了施工时间与资源的大量浪费，给承包方造成了大量的经济损失，同时业主的居住体验和系统性能价格比也会直线下降，并且业主的投资也未能得到相应的回报。

建筑智能化系统集成目标要充分体现操作性、方向性和及物性的特点。其中，操作性是决策活动中提出的控制策略，能够影响与目标相关的事件，促使其向目标方向靠拢。方向性是目标对相关事件的未来活动进行引导，实现策略的合理选择。集成性是指与目标相关或是目标能直接涉及的一些事件，并为决策提供依据。

三、建筑智能化系统集成的设计与实现

（一）硬接点方式

如今，智能建筑中包含许多的系统方式，简单的就是在某一系统设备中通过增加该系统的输入接点、输出接点和传感器，再将其接入另外一个系统的输入接点和输出接点来进行集成，向人们传递简单的开关信号。该方式得到了人们的广泛应用，尤其在需要传输紧急、简单的信号系统中最为常用，如报警信号等。硬接点方式不仅能够有效降低施工成本，而且为系统的可靠性和稳定性提供保障。

（二）串行通信方式

串行通信方式是一种通过硬件来进行各子系统连接的方式，是目前较为常用的手段之一。其较硬接点方式来说成本更低，且大多数建设者也能够依靠自身技能来实现该方式的应用。通过应用串行通信的方式，可以对现有设备进行改进和升级，并使其具备集成功能。该方式是在现场控制器上增加串行通信接口，通过串行通信接口与其他系统进行通信，但该方式需要根据使用者的具体需求来展开研发，针对性很强。同时其需要通过串行通信协议转换的方式来进行信息的采集，通信速率较低。

（三）计算机网络

计算机是实现建筑智能化系统集成的重要媒介。近几年来，计算机技术得到了迅猛的发展与进步，给人们的生产生活带来了极大的便利。建筑智能化系统生产厂商要将计算机技术充分利用起来，设计满足客户需求的智能化集成系统，例如保安监控系统、消防报警、楼宇自控等，将其通过网络技术进行连接，达到系统间互相传递信息的作用。通过应用计算机技术和网络技术，减少了相关设备的大量使用，并实现了资源共享，充分体现了现代系统集成的发展与进步，并且在信息速度和信息量上均体现出了显著的优势。

（四）OPC 技术

OPC 技术是一种新型的具有开放性的技术集成方式，若说计算机网络系统集成是系统的内部联系，那么 OPC 技术是更大范围的外部联系。通过应用计算机技术，能够促进各个商家间的联系，而通过构建开放式系统，例如围绕楼宇控制系统，能够促使各个商家、建筑的子系统按照统一的发展方式和标准，通过网络管理、协议的方式为集成系统提供相应的数据，时刻做到标准化管理。同时，通过应用 OPC 技术，还能将不同供应商所提供的应用程序、服务程序和驱动程序做集成处理，使供应商、用户均能在 OPC 技术中感受到其带来的便捷。此外，OPC 技术还能作为不同服务器与客户的连接桥梁，为两者建立一种即插即用的链接关系，并显示出其简单性和高效性的特点。在此过程中，开发商无须投入大量的资金与精力来开发各硬件系统，只需开发一个科学完善的 OPC 服务器，即可实现标准化服务。由此可见，基于标准化网络，将楼宇自控系统作为核心的集成模式，具有性能优良、经济实用的特点，值得广为推荐。

四、建筑智能化系统集成的具体应用

（一）设备自动化系统的应用

实现建筑设备的自动化、智能化发展，为建筑智能化提供了强大的发展动力。所谓的设备自动化就是指实现建筑对内部安保设备、消防设备和机电设备等的自动化管理，如照明、排水、电梯和消防等相关的大型机电设备。相关管理人员必须要对这些设备进行定期检查和保养，保障其正常运行。实现设备系统的自动化，大大提高了建筑设备的使用性能，并保障了设备的可靠性和安全性，对提升建筑的使用功能和安全性能起到了关键的作用。

（二）办公自动化系统的应用

通过办公自动化系统的有效应用，能够大大提高办公质量与效率，并极大地改善办公环境，避免出现人工失误，进而及时、高效地完成相应的工作任务。办公自动化系统通过借助先进的办公技术和设备，对信息进行加工、处理、储存和传输，较纸质档案来说更为牢靠和安全，并大大节省了办公的空间，降低了成本投入。同时，对于数据处理问题，通过应用先进的办公技术，使信息加工更为准确和快捷。

（三）现场控制总线网络的应用

现场控制总线网络是一种标准的开放的控制系统，能够对各子系统数据库中的监控模块进行信息、数据的采集，并对各监控子系统进行联动控制，主要通过 OPC 技术、COM/DCOM 技术等标准的通信协议来实现。建筑的监控系统管理人员可利用各子系统来进行工作站的控制，监视和控制各子系统的设备运行情况和监控点报警情况，并实时查询历史数据信息，同时进行历史数据信息的储存和打印，再设定和修改监控点的属性、时间和事件的相应程序，并干预控制设备的手动操作。此外，对各系统的现场控制总线网络与各智能化子系统的网络系统还应设置相关的管理机制，保证系统操作和网络的安全管理。

综上所述，建筑智能化系统集成是一项重要的科技创新，极大地满足了人们对智能建筑的需求，让人们充分体会到了智能化所带来的便捷与安全。同时，建筑智能化也对社会经济的发展起到了一定的促进作用。如今，智能化已经体现在生产生活的各个方面，并成为未来的重要发展趋势，对此，国家应大力推动建筑智能化系统集成的发展，为人们营造良好的生活与工作环境，促进社会和谐与稳定。

第五节　信息技术在建筑智能化建设中的应用

我国经济的高速发展及信息化社会、工业化进程的不断推进，使我国各地在一定限度上涌现出了投资额度不一、建设类型不一的诸多大型建筑工程项目，而面对体量较大的建筑工程主体管理工作，若不采用高效的科学的管理工具进行辅助，就会在极大限度上直接加大管理工作人员工作难度，甚至会给建筑工程项目建设带来不必要的负面影响。

信息技术的不断发展和应用，给传统的建筑管理工作带来了不可估量的影响，借助信息技术的不断应用，建筑主体智能化管理、视频监控管理、照明系统管理等现代信息技术的不断应用，借助对系统数据信息的深度挖掘和分析，实现了对建筑主体的自动化管控，为我国智能建筑市场优势的打造奠定了坚实的基础。

一、项目概况

为进一步探究信息技术在建筑智能化建设中的广泛应用，本节以某综合性三级甲等医院为主要研究对象，探究了该三甲医院门急诊病房的综合楼项目建设工程。

进一步分析该建设工程项目可知，该项目主要由住院病区、门诊区、急诊区、医疗技术区、中心供应区、后勤服务区和地下停车场区等重要部分组成，地面面积总共为 5.1 万 m^2，总建筑面积为 23.8 万 m^2。

该三甲医院门诊急诊病房综合楼工程项目建设设计门诊量为 6000 人 /d，实际急诊量为 800 人 /d，实际拥有病床 1700 张，共拥有手术室 82 间。

二、建筑智能化系统架构

随着现代社会人们物质生活水平的普遍提高和信息化技术、数字化技术、智能化技术的不断进步与发展，医疗服务的数字化水平、自动化水平和智能化水平逐步普及，建筑智能化系统在医疗建筑工程项目领域中的应用愈加广泛，在较大限度上直接加大了智能化建设项目成本的压力。因此，为了尽可能地强化建筑智能化设计，考虑用户核心需要、使用需求、管理模式、建设资金等多方面综合情况，进而对建筑智能化系统的相关功能、规模配置以及系统标准等方面进行综合考量，达到标准合格、功能齐全、社会效益和经济效益的最大化平衡，为人民生活谋取最大化福利。

三、系统集成技术应用

（一）系统集成原理

在利用信息化技术对建筑工程项目进行智能化建设和管理时，相关工作人员应严格按照建筑智能化工程项目建设规划及管理规划，在使用信息技术工具及其软件系统等多样化方式的基础上，增强对建筑工程项目的智能化系统集成。例如，在闵行区标准化考场视频巡查系统的改扩建项目中，工作人员首先应借助相关软件实现对工程项目建设硬件设备数据的采集、存储、整理和分析，进而通过相应信息软件对相关硬件设备的数据进行优化控制与管理。在此过程中，必须密切关注硬件设备与系统软件之间的天然差异所带来的数据交互以及数据处理的困难，根据所建设工程项目的实际标准选取更加恰当和适宜的过程控制标准，尽可能地选择由 OPC 基金会所制定的工业过程控制 OPC 标准，解决硬件服务商和系统软件集成服务商之间数据通信难度的同时，为上下位的数据信息通信提供更加透明的通道，从而实现硬件设备和软件系统之间数据信息的自由交换，进而为建筑工程项目智能化设计系统的开放性、可扩展性、兼容性、简便性等奠定坚实的基础，为建筑工程智能化管理提供可靠的保障。

（二）系统集成关键技术

为尽可能全面地满足建筑工程项目的智能化管理和建设需求，需借助先进科学的信息技术，在结合建筑工程智能化建设管理用户需求和建设需求目标的基础上进行整体设计和综合考量，进而制定满足特定建筑智能化管理目标的管理方案和管理措施。一般而言，在建筑工程项目智能化集成系统的设计过程中，其应用技术主要包括计算机技术、图像识别技术、数据通信技术、数据存储技术以及自动化控制技术等重要类型。就计算机技术而言，由于在所有的系统软件运行过程中都离不开计算机硬件设备及软件系统支撑等重要媒介，因此，为了尽可能地提高建筑工程智能化集成系统的实际应用效能，满足工程项目智能化建设的总体需求，就需要尽可能地使用先进的计算机管理技术，保证计算机媒介性能提升的同时，确保计算机网络系统的稳定性、安全性、服务可持续性、兼容性及高效性，为满足建筑智能化建设目标奠定坚实的基础。其次是图像识别技术，在建筑智能化集成系统子系统的集成过程中，由于集成对象包括了建筑工程项目出入车辆的监控、视频数据信息的采集等众多图像采集子系统，因此，为了更高效地完成系统集成目标，将各图像采集子系统所采集到的数据信息转化为可读性更强的数字化信息，就需采用高效的图像识别技术，完成对输入图像数据信息的识别、采集、存储和分析，最终完成图像信息到可读数字化信息的转换。就数据通信技术而言，建筑智能化集成系统在其设计过程中采用了集中式的数据存储管理模式，由建筑智能化集成系统的各子系统根据自身设备的实际运行状况实时记录和存储相应的生产数据信息，进而利用专业化程度较高的数据通信技术，将实时的生产数据信息进行集中汇总和存储，从而保证建筑智能化集成子系统数据信息能够持续稳定且可靠准确地上报集成数据中心，完成数据通信和数据存储过程。就自动化控制技术而言，建筑智能化集成系统之所以能够称为智能化系统的重要原因，即建筑智能化集成系统能够根据相应的预先设定的规则，对所采集到的数据信息进行分析处理而完成自动化控制，并进一步根据系统的分析结果采取相应的处置措施，且在一系列的数据处理和措施设计过程中并不需要人工参与，从而大幅度提高了建筑工程项目的实际管理效率和管理质量。因此，为有效提升系统的整体应用价值，就必须确保建筑智能化集成系统的自动化控制水平达到基本要求。

（三）系统集成分析

在闵行法院机房 UPS 项目智能化系统的建设过程中，为了尽可能地提高智能化系统的集成综合服务能力，根据现有的 5A 级智能化工程项目建设目标，包括楼宇设备自动化系统、安全自动防范系统、通信自动化系统、办公自动化系统和火灾消防联动报警系统等，在结合工程项目建设智能化管理实际需求的基础上，对现有的建筑智能化系统集成进行分层次的集成架构设计，确保建筑智能化系统集成物理设备层、数据通信层、数据分析层以及数据决策层等相关数据信息的可获得性和功能目标完成的科学性。其中，在对物理设备层进行架构时，必须根据不同的建筑工程项目主体智能化建设需求的不同，以 5A 级智能化建设项目为基本指导，在安装各智能化应用子系统过程中有所侧重，有所忽略。就通信层设计而言，主要是为了完成集成系统和各子系统之间数据信息交换接口的定义以及交换数据信息协议的补充，实现数据信息之间的互联互通，而数据分析层则主要是为了完成各子系统所采集到的数据信息的自动化分析和智能化控制，最终为数字决策层提供更加科学、更加准确的数据支撑。

总之，信息技术在建筑智能化建设和管理过程中具备不容忽视的使用价值和重要作用，不仅能在较大限度上直接改善建筑智能化系统的实际运营过程，确保建筑智能化各项运营需求和运营功能的实现，更能够有力地推动建筑智能化向智能建筑和智慧建筑方向发展，充分提高智能建筑实际运营效率的同时，实现智能建筑中的物物相连，为信息的"互联互通"和人们的舒适生活做出贡献。

第六节 智能楼宇建筑中楼宇智能化技术的应用

经济城市化水平的急剧发展带动了建筑业的迅猛发展，在高度信息化、智能化的社会背景下，建筑业与智能化的结合已成为当前经济发展的主要趋势，在现代建筑体系中，已经融入了大量的智能化产物，这种有机结合建筑，增添了楼宇的便捷服务功能，给用户带来了全新的体验。本节就智能化系统在楼宇建筑中的高效应用进行研究，根据智能化楼宇的需求，研制更加成熟的应用技术，改进楼宇智能化功能，为人们提供更加便捷、科技化的享受。

楼宇智能化技术作为新世纪高新技术与建筑的结合产物，其技术设计多个领域，不仅需要有专业的建筑技术人员，更需要懂科技、懂信息等科技人才相互协作才能确保楼宇智能化的实现。楼宇智能化设计中，对智能化建设工程的安全性、质量和通信标准要求极高。只有全面的掌握楼宇建筑详细资料，选取适合楼宇智能化的技术，才能建造出多功能、大规模、高效能的建筑体系，从而为人们创建更加舒适的住房环境和办公条件。

一、智能化楼宇建设技术的现状概述

在建筑行业中使用智能化技术，是集结了先进了科学智能化控制技术和自动通信系统，是人们不断改造利用现代化技术，逐渐优化楼宇建筑功能，提升建筑物服务的一种技术手段。20世纪80年代，第一栋拥有智能化建设的楼宇在美国诞生，自此之后，楼宇智能化技术在全世界各地进行推广。我国作为国际上具有实力潜力的大国，针对智能化在建筑物中的应用进行了细致的研究和深入的探讨，最终制定了符合中国标准的智能化建筑技术，并做出相关规定和科学准则。在国家经济的全力支撑下，智能化楼宇如春笋般，遍地开花。国家相关部门进行综合决策，制定了多套符合中国智能化建设的法律法规，使智能化楼宇在审批、施工、验收的各个环节都能有标准的法律法规，这对于智能化建筑在未来的发展中给予了重大帮助和政策支撑。

二、楼宇智能化技术在建筑中的有效用应用

（一）机电一体化自控系统

机电设备是建筑中重要的系统，主要包括楼房的供暖系统、空调制冷系统、楼宇供排水体系、自动化供电系统等。楼房供暖与制冷系统调控系统：借助于楼宇内的自动化调控系统，能够根据室内环境的温度，开展一系列的技术措施，对其进行功能化、标准化的操控和监督管理。同时系统能后通过自感设备对外界温湿度进行精准检测，并自动调节，进而改善整个楼宇内部的温湿条件，为人们提供更高效、更适宜的服务体验。当楼宇供暖和制冷系统出现故障时，自控系统能够寻找到故障发生根源，并及时进行汇报，同时也可实现自身对问题的调控，将问题降到最低范围。

供排水自控系统：楼宇建设中供排水系统是最重要的工程项目，为了使供排水系统能够更好地为用户服务，可以借助于自控较高系统对水泵的系统进行 24 小时的监控，当出现问题障碍时，能够及时报警。同时，其监控系统，能够根据污水的排放管道的堵塞情况、处理过程等方面实施全天候的监控与管理。此外，自控制系统能够实时监测系统供排水系统的压力符合，压力过大时能够及时减压处理，保障水系统的供排在一定的掌控范围中。最大程度的减少供排水系统的障碍出现的频率。

电力供配自控系统：智能化楼宇建设中最大的动力来源就是"电"，因此，合理的控制电力的供给和分配是电力实现智能化建筑楼宇的重中之重。在电力供配系统中增添控制系统，实现全天候的检测，能够准确把握各个环节，确保整个系统能够正常的运行。当某个环节出现问题时，自控系统能够及时地检测出，并自动生成程序解决供电故障，或发出警报信号，提醒检修人员进行维修。实现对电力供配系统的监控主要依赖于传感系统发出的数据信息与预报指令。根据系统做出的指令，能够及时切断故障的电源，控制该区域的网络运行，从而保障其他领域的电力系统安全工作。

（二）防火报警自动化控制系统

搭建防火报警系统是现代楼宇建设中最重要的安全保障系统，对于智能化楼宇建筑而言，该系统的建设具有重大意义，由于智能化建筑中需要大功率的电子设备，来支撑楼宇各个系统的正常运转，在保障楼宇安全的前提下，消防系统的作用至关重要。当某一个系统中出现短路或电子设备发生异常时，就会出现跑电漏电等现象，若不能及时对其进行控制，很容易引发火灾。防火报警系统能够及时地检测出排布在各个楼宇系统中的电力运行状态，并实施远程监控和操作。一旦发生火灾时，便可自动做出消防措施，同时发出报警信号。

（三）安全防护自控系统

现代楼宇建设中，设计了多项安全防护系统，其中包括：楼宇内外监控系统、室内外防盗监控系统、闭路电视监控。楼宇内外监控系统，是对进出楼宇的人员和车辆进行自动

化辨别，确保楼宇内部安全的第一道防线，这一监测系统包括门禁卡辨别装置、红外遥控操作器、对讲电话设备等，进出人员刷门禁卡时，监控系统能够及时地辨别出人员的信息，并保存与计算机系统中，待计算机对其数据进行辨别后传出进出指令。室内外防盗监控系统主要通过红外检测系统对其进行辨别，发现异常行为后能够自动发出警报并报警。闭路电视监控系统是现代智能化楼宇中常用的监测系统，通过室外监控进行人物呈像，并进行记录、保存。

（四）网络通信自控系统

网络通信自控系统，是采用 PBX 系统对建筑物中声音、图形等进行收集、加工、合成、传输的一种现代通信技术，它主要以语音收集为核心，同时也连接了计算机数据处理中心设备，是一种集电话、网络为一体的高智能网络通信系统，通过卫星通信、网络的连接和广域网的使用，将收集到的语音资料通过多媒体等信息技术传递给用户，实现更高效便捷的通信与交流。

在信息技术发展迅猛的今天，智能化技术必将广泛应用于楼宇的建筑中，这项将人工智能与建筑业的有机结合技术是现代建筑的产物，在这种建筑模式高速发展的背景下，传统的楼宇建筑技术必将被取代。这不仅是时代向前发展的决定，同时也是人们的未来住房功能和服务的要求，在未来的建筑业发展中，实现全面的智能化为建筑业提供了发展的方向。此外，随着建筑业智能化水平的日渐提升，为各大院校的从业人员也提供了坚实的就业保障和就业方向。

第七节　建筑智能化系统的智慧化平台应用

在物联网、大数据技术的快速发展的大背景下，有效推动了建筑智能化系统的发展，通过打造智慧化平台，使得系统智能化功能更加丰富，极大提升了人们的居住体验，降低了建筑能耗，更加方便对建筑运行进行统一管理，对于推动智能建筑实现可持续发展具有重要的意义。

一、建筑智能化系统概述

建筑智能化系统，最早兴起于西方，早在 1984 年，美国的一家联合科技 UTBS 公司通过将一座金融大厦进行改造并命名为"City Place"，具体改造过程即是在大厦原有的结构基础之上，通过增添一些信息化设备，并应用一些信息技术，例如计算机设备、程序交换机、数据通信线路等，使得大厦整体功能发生了质的改变，住在其中的用户因此能够享受到文字处理、通信、电子信函等多种信息化服务，与此同时，大厦的空调、给排水、供电设备也可以由计算机进行控制，从而使得大厦整体实现了信息化、自动化，为住户提供了更为舒适的服务与居住环境，自此以后，智能建筑走上了高速发展的道路。

如今随着物联网技术的飞速发展，使得建筑智能化系统中的功能更加丰富，并衍生了一种新的智慧化平台，该平台依托于物联网，不仅融入了常规的信息通信技术，还应用了云计算技术、GPS、GIS、大数据技术等，使得建筑智能化系统的智能性得到更为显著的体现，在建筑节能、安防等方面发挥着非常重要的作用。

二、智慧平台的 5 大作用

通过传统的建筑智能化衍生为系统智能化，将局域的智能化通过通信技术进行了升级和加强，再通过平台集成将各个分系统统一为一个操作界面，使智能化管理更加便捷和智能。以下有五大优点

（一）实施对设施设备运维管理

针对建筑设施设备使用期限，实现自动化管理，建筑智能化系统设备一般开始使用后，在系统之中，会自动设定预计使用年限，在设备将要达到使用年限后，可以向用户发出更换提醒。设施设备维护自动提醒，以提前设置好的设备的维护周期内容为依据，并结合设备上次维护时间，系统能够自动生成下一次设备维护内容清单，并能够自动提醒。并针对系统维护、维修状况，能够实现自动关联，并根据相关设备，实现详细内容查询，一直到设备报废或者从建筑中撤除。能够对系统设备近期维护状况进行实时检查，能够提前了解基本情况，并来到现场对设备运行状态加以确认，了解详细情况，并将故障信息实施上传，更加方便管理层进行决策，及时制定对合理的应对方案。例如借助云平台，收集建筑运行信息，并能够对这些信息进行集中分析，例如通过统计设备故障率，获得不同设备使用寿命参照数据，并通过可视化技术以图表形式现实出来，更加有助于实现事前合理预测，提前做好预防措施，有效提升系统设备的管理质量水平。

（二）有效的降低能耗，提高日常管理

将建筑内涉及能源采集、计量、监测、分析、控制等的设备和子系统集中在一起，实现能源的全方位监控，通过各能源设备的数据交互和先进的计算机技术实现主动节能的同时，还可通过对能源的使用数据进行横向、纵向的对比分析，找到能源消耗与楼宇经营管理活动中不匹配的地方，抓住关键因素，在保证正常的生产经营活动不受影响及健康舒适工作环境的前提下，实现持续的降低能耗。同时该系统通过 I/O、监听等专有服务，将建筑内的所有供能设备及耗能设备进行统一集成，然后利用数据采集器、串口服务器，实现各类智能水表、电表、燃气表、冷热能量表的能耗数据的获取。并通过数据采集器、串口服务器或者各种接口协议转换，对建筑各种能耗装置设备进行实时监控和设备管理。针对收集的能耗数据，通过利用大规模并行处理和列存储数据库等手段，将信息进行半结构化和非结构化重构，用于进行更高级别的数据分析。同时系统嵌入建筑的 2D/3D 电子地图导航，将各类能耗的监测点标注在实际位置上，使得布局明晰并方便查找。在 2D/3D 效果图上选择建筑的任何用能区域，可以实时监测能耗设备的实时监测参数及能耗情况，让管理人员和使用者能够随时了解建筑的能耗情况，提高节能意识。在此基础上，还能够完

成不同建筑能源的分时—分段计费、多角度能耗对比分析、用能终端控制等功能。

（三）应急指挥

将智能化的各个子系统通过软件对接的方式平台管理，通过智能分析及大数据分析，有效提高管理人员的管理水平。

其中网络设备系统、无线 WiFi 系统、高清视频监控系统、人脸识别系统、信息发布系统、智能广播系统、智能停车场系统等各个独立的智能化系统有机的结合实现。

1. 危险预防能力

通过具有人脸识别、智能视频分析、热力分析等功能，在一些危险区域、事态进行提前预判，有针对性的管理。

全天候工作，自动分析视频并报警，误报率低，降低因为管理人员人为失误引起的高误差。将传统的"被动"视频监控化转变为"主动"监控，在报警发生的同时实时监视和记录事件过程。

热力图分析的本质——点数据分析。一般来说，点模式分析可以用来描述任何类型的事件数据（incident data），我们通过分析，可以使点数据变为点信息，可以更好地理解空间点过程，可以准确地发现隐藏在空间点背后的规律。让管理人员得到有效的数据支持，及时规避和疏导。

2. 应急指挥

应急指挥基于先进信息技术、网络技术、GIS 技术、通信技术和应急信息资源基础上，实现紧急事件报警的统一接入与交换，根据突发公共事件突发性、区域性、持续性等特点，以及应急组织指挥机构及其职责、工作流程、应急响应、处置方案等应急业务的集成。

通过音视频系统、会议系统、通信系统、后期保障系统等实现应急指挥功能。

3. 事后分析总结能力

通过事件的流程和发生的原因，进行数据分析，为事后总结分析提供数据支持，避免类此事件再次发生提供保障。

（四）用户的体验舒适

1. 客户提醒

通过广播和 LED 通过数字化连接，通过平台统一发放，能做到分区播放，不同区域不同提示，让体验度提高。

让客户在陌生的环境下能在第一时间通过广播系统和显示系统得到信息，摆脱困扰。

2. 信用体系

在平台数据提取的帮助下，建立各类信用体系，也对管理者提供了改进和针对性投入，从而规范市场规则。

（五）营销广告作用

通过各类数据提供，能提取有效的资源供给建设方或管理方，有针对性地进行宣传和营销，提高推广渠道。

不断关注营销渠道反馈的信息，能改进营销手段，有方向投入，提高销售效率，在线上线下发挥重要作用。

三、智慧平台行业广泛应用

依托互联网、无线网、物联网、GIS 服务等信息技术，将城市间运行的各个核心系统整合起来，实现物、事、人及城市功能系统之间无缝连接与协同联动，为智慧城的"感""传""智""用"提供了基础支撑，从而对城市管理、公众服务等多种需求做出智能的响应，形成基于海量信息和智能过滤处理的新的社会管理模式，使早期数字城市平台的进一步发展，是信息技术应用的升级和深化。

在平台的帮助下，各个建设方和管理方能有依有据，能做到精准投入，高效回报，提高管理水平，提高服务水平。

综上所述，当下随着建筑智能化系统的智慧化平台的应用发展，有效提升了建筑智能化运行管理水平，为人们的日常生活带来了非常大的便利。因此需要科技工作者与行业人员进一步加强建筑智能化系统的智慧化平台的应用研究，从而打造出更实用、更强大的智慧化应用平台，充分利用现代信息科技推动建筑行业实现更加平稳顺利的发展。

第八节　建筑智能化技术与节能应用

近些年来，伴随着我国经济科技的快速发展，人民生活水平的不断提高，对建筑方面的要求也变得越来越高。它已经不仅仅是局限于外部设计和内部结构构造，更重要的是建筑质量方面的智能化和节能应用方面。在这样的情况之下，我国的建筑智能化技术得到了快速发展并且普遍应用于我们的生活之中，给我们的生活产生的很大的变化和影响，得到了社会相关专业人员的认可以及国家的高度重视。在本节之中，作者会详细对建筑智能化的技术与节能应用方面进行分析。

随着信息时代的到来，我国的生活各个方面基本上已经进入了信息化时代，就是我们俗称的新时代。建筑行业作为科学技术的代表之一，也基本上实现了智能化，建筑智能化技术得到了广泛的应用，并且随着我国环境压力的增大，可持续发展理论的深入，人们对建筑的节能要求也变得越来越高。建筑行业不仅要求智能化技术的应用，在建筑节能方面的应用也是一个巨大的挑战。但是有挑战就有发展空间，在接下来的时间里，建筑智能化技术和节能应用会得到快速发展并且达到一个新的高度。

一、智能建筑的内涵

相较于传统建筑而言，智能建筑所涉及的范围更加宽广和全面。传统建筑工作人员可能只需要学习与建筑方面的相关专业知识并且能够把它应用到建筑物之中便可以了，而智能建筑工作人员仅仅是有丰富的理论素养是远远不够的。智能建筑是一个将建筑行业与信息技术融为一体的一个新型行业，因为这些年来的快速发展收到了国际上的高度重视。简单来说：智能建筑就是说它所有的性能能够满足客户的多样的要求。客户想要的是一个安全系数高、舒服、具有环保意识、结构系统完备的一个整体性功能齐全，能够满足目前信息化时代人民快节奏生活需要的一个建筑物。从我国智能建筑设计方面来定义智能建筑是说：建筑作为我们生活的一个必需品，是目前现代社会人民需要的，它的主要功能是为人民办公、通信等等提供一个具有服务态度高、管理能力强、自动化程度高、人民工作效率高心情舒服的一个智能的建筑场所。

由上面的相关分析可以得知，快速发展的智能建筑作为一项建筑工程来说，不仅仅是传统建筑的设计理念和构造了。它还需要信息科学技术的投入，主要的科学技术包括了计算机技术和网络计算，其中更重要的是符合智能建筑名称的自动化控制技术，通过设计人员的专业工作和严密的规划，对智能建筑的外部和内部结构设计、市场调查客户对建筑物的需要、建筑物的服务水平、建筑物施工完成后的管理等等这几个主要的方面。这几个方面之间有着直接或者间接的关系作为系统的组合，最终实现为客户供应一个安全指数高、服务能力强、环保意识高节能效果好、自动化程度高的环境。

二、应用智能化技术实现建筑节能化

在目前供人工作和生活的建筑中，造成能源消耗的主要有冬天的供暖设备和夏天的供冷消耗，还有一年四季在黑夜中提供光明的光照设施，其中消耗比较大的大型的家用电器和办公设备。比如说，电视机、洗衣机、电脑、打印机等等，另外在大型的建筑物中，最消耗能量的主要是一年都不能停运的电梯等等。如果这些设备停运或者不能够工作，那么就会给人民的生活和工作带来非常不利的影响。由此可见，要想实现节能目标，就必须有效的控制和管理好上面相关设备的应用。正好随着建筑的智能化的到来，能够有效地减少能源的消耗，不但能使得建筑物中一些消耗能源高的设备达到高效率的运营，而且能实现节能化。

（一）合理设置室内环境参数达到节能效果

在夏天或者冬天，当人民从室外进入建筑物内部的时候，温度会有很大的落差。人民为了尽快保暖或者降温就会大幅度的调高或者调低室内的温度，因而造成了大量能源的消耗。因此，根据人民的这个建筑智能化系统就要做出反应，要根据人民的需求及时做出反应，根据室内室外的温度湿度等等进行调整最终实现节能的效果。

由于我国一些地方的季节变化明显，导致温度相差也很大，就拿北方来说，冬季阳光照射少，并且随常伴有大风等等，导致温度过低，也就有了北方特有的暖气的存在。因为室外温度特别低，从外面走了一趟回来就特别暖和，这时候人民就会调高室内的温度，增大供暖，长时间的大量供暖不仅仅造成了环境污染并且消耗了大量的能源。根据相关数据可得，如果在室内有供暖的存在，温度能够减少一度，那么我们的能源消耗就能降低百分之十到百分之十五。这样推算下来，一家人减少百分之十到百分之十五的能源消耗，一百户人家能减少的能源消耗会是一个大大的数字，其中还不包括了大量的工作建筑物；夏天也是有相同的问题存在，室内温度调的过低造成能源消耗量过大，可能我们人体对于一度的温度没有太大的感受程度，可是如果温度能升高一度，那么能源消耗就能减少百分之八到百分之十中间。由此推算，全国的建筑物加在一起，只要室内温度都升高一度，那么我们就能降低一个很大数字的能源消耗，因此，需要建筑智能化需要能够合理地设置室内环境参数已达到节能的作用。

除了我们普遍的居民住楼建筑和工作场所建筑之外，还有一些特殊的建筑物的存在。比如说：剧院、图书馆等等。要根据人流和国家的规定对室内温度进行严密的控制和管理，不能够过高也不能够过低，从而导致能源消耗量降低，切实起到节能的作用。

（二）限制风机盘管温度面板的设定范围

一些客户可能会因为自身对温度的感受能力原因在冬天过高的提高温度面板，在夏天里过低的降低温从而超出了过天嗯标准限度。造成了能源的大量消耗，因此，为了达到节能，要对风机管的温度面板进行严格的限制，这时候就要运用到建筑的智能化了，采用自动化控制风机管温度面板，严格按照国家标准来执行。

（三）充分利用新风自然冷源

在信息快速发展的新时代里，要做到物用其尽，智能建筑要充分利用到自然资源来减少能源消耗，起到节能的目的。比如说可以充分利用新风自然冷源，不但可以降低我们的能源消耗，而且效率高，节能又环保。

在夏季的时候，早晨是比较凉快温度较低，并且新风量大，这个时候就可以关掉空调，打开室内的门窗，保持气流的换通。这样不但能够使室内保持新鲜的空气而且能减少空调的使用，给人民的生活带来舒适的同时又进行了节能，在傍晚的时分也可以进行相同的操作。另外在一些人流量比较大的建筑物内比如说商场、交通休息站等等地方，可能会因为人流量多，产生的二氧化碳浓度较高，这时候为了减少能源消耗，可以打开排风机，利用风流进行空气交换，达到一举两得的效果。最后，在一些办公建筑中，人民为了得到更加舒适的室内环境，会提前打开空调让室友进行提前降温，在下班之后一段时间再关掉。据相关数据可得，因为这样的情况造成了全天 20%-30% 的能源消耗。因此，为了节能减少能源消耗，一些办公建筑内的空调设备的打开和关闭时间要进行严格的管理和控制。

伴随着社会的发展，智能建筑不但融入了大量科学技术的应用。并且更加重视节能方面的应用，尽量地减少能源消耗，起到环境保护的作用，增加我国资源储备，智能建筑的发展要增加可持续发展理念实现为。打造一个安全性数高，舒服、自动化能力强的环境。

第九节　智能化城市发展中智能建筑的建设与应用

随着社会经济的发展和科学技术的进步，城市的建设已经不再局限于传统意义上的建筑，而是根据人们的需求塑造多功能性、高效性、便捷性、环保性的具有可持续发展的智能化城市。在智能化城市的建设与发展过程中，智能建筑是其根本基础。智能建筑充分将现代科学技术与传统建筑相结合，其发展前景十分广阔。该文从我国智能建筑的概念出发，介绍了智能建筑的智能化系统以及智能建筑的发展方向。

在当今的信息化时代，智能化是城市发展的典型特征，智能建筑这种新型的建筑理念随之产生并得到应用。它不仅将先进的科学技术在建筑物上淋漓尽致地发挥出来，使人们的生活和工作环境更加安全舒适，生活和工作方式更加高效，也在一定程度上满足了现代建筑的发展理念，实现智能建筑的绿色环保以及可持续的发展理念。

智能建筑最早起源于美国，其次是日本，随之许多国家对智能建筑产生兴趣并持续高度关注。我国对智能建筑的应用最早是北京发展大厦，随后的天津今晚大厦，是国内智能建筑的典型，被称为中国化的准智能建筑。虽然我国对智能建筑的研究相对较晚，但也已经形成一套适应我国国情发展的智能建筑建设理论体系。

智能建筑是传统建筑与当代信息化技术相结合的产物。它是以建筑物为实体平台，采用系统集成的方法，对建筑的环境结构、应用系统、服务需求以及物业管理等多方面进行优化设计，使整个建筑的建设安全经济合理，更重要的是它可以为人们提供一个安全、舒适、高效、快捷的工作与生活环境。

一、智能建筑的智能化系统

智能建筑的智能化系统总体上被称为 5A 系统，主要包括设备自动化系统（BAS）、通信自动化系统（CAS）、办公自动化系统（OAS）、消防自动化系统（FAS）和安防自动化系统（SAS），这些系统又通过计算机技术、通信技术、控制技术以及 4C 技术进行一体化的系统集成，利用综合布线系统将以上的自动化管理系统相连接汇总到一个综合的管理平台上，形成智能建筑的综合管理系统。

（一）BAS 系统

BAS 系统实际上是一套综合监控系统，具有集中操作管理和分散控制的特点。建筑物内监控现场总会分布不同形式的设备设施，像空调、照明、电梯、给排水、变配电以及消防等，BAS 系统就是利用计算机系统的网络将各个子系统连接起来，实现对建筑设备的全面监控和管理，保证建筑物内的设备能够高效化的在最佳状态运行。像用电负荷不同，其供电设备的工作方式也不相同，一级负荷采用双电源供电，二级负荷采用双回路供电，三级负荷采用单回路供电，BAS 系统根据建筑内部用电情况进行综合分析。

（二）FAS 消防系统

FAS 系统主要由火灾探测器、报警器、灭火设施和通信装置组成。当有火灾发生的时候，通过检测现场的烟雾、气体和温度等特征量，并将其转化为电信号传递给火灾报警器发出声光报警，自动启动灭火系统，同时联动其他相关设备，进行紧急广播、事故照明、电梯、消防给水以及排烟系统等，实现了监测、报警、灭火的自动化。智能化建筑大部分为高层建筑，一旦发生火灾，其人员的疏散以及救灾工作十分困难，而且建筑内部的电气设备相对较多，大大增加了火灾发生的概率，这就要求对于智能建筑的火灾自动报警系统和消防系统的设计和功能需要十分严格和完善。在我国，根据相关部门规定，火灾报警与消防联动控制系统是联动运行的，以保证火灾救援工作的高效运行。

（三）SAS 安防系统

SAS 系统主要由入侵报警系统、电视监控系统、出入口控制系统、巡更系统和停车库管理系统组成，其根本目的是为了维护公共安全。SAS 系统的典型特点是必须 24 小时连续工作，以保证安防工作的时效性。一旦建筑物内发生危险，则立即报警采取相应的措施进行防范，以保障建筑物内的人身财产安全。

（四）CAS 通信系统

CAS 系统是用来传递和运载各种信息，它既需要保证建筑物内部语音、数据和图像等信息的传输，也需要与外部公共通信网络相连，以便为建筑物内部提供实时有效的外部信息。其主要包括电话通信系统、计算机网络系统、卫星通信系统、公共广播系统等。

（五）OAS 办公系统

OAS 办公系统是以计算机网络和数据库为技术支撑，提供形式多样的办公手段，形成人机信息系统，实现信息库资源共享与高效的业务处理。OAS 办公系统的典型应用就是物业管理系统。

三、智能建筑的发展方向

（一）以人为本

智能建筑的本质就是为了给人们提供一个舒适、安全、高效、便捷的生活和工作环境。因此，智能建筑的建设要以人为本。以人为本的建筑理念，从一定程度上是为了明确智能建筑的设计意义，明确其对象是以人为核心的。无论智能建筑的形式如何，也不管智能建筑的开发商是哪家，都需要遵循以人为本的建设理念，才会将智能建筑的本质意义最大限度地发挥出来。

日本东京的麻布地区有一座新型的现代化房屋，该建筑根据大自然对房屋进行人性设计，充分体现了以人为本的特性。建筑物内有一个半露天的庭院，庭院内的感应装置能够实时监测外界天气的温度、湿度、风力等情况，并将这些数据实时传送至综合管理系统进行分析，并发出指令控制房间门窗的开关以及空调的运行，使房间总是处于让人觉得舒服的状态。同时，如果住户在看电视的时候有电话打进来，电视的音量会自动被调小以方便人们先通电话且不受外界影响。计算机综合管理系统智慧房屋内各种意义互相配合，协调运转，为住户提供了一个非常舒适与安全的生活环境。

（二）绿色节能

智能建筑利用智能技术能够为人类提供更好的生活方式和工作环境，但人类的生存必然与建筑紧密相关，其建筑行业是整个社会产生能耗的重要原因。因此，我国提倡可持续发展的战略思想，而绿色节能的建筑理念正好与可持续发展理念相契合。智能建筑作为建筑行业新兴产业的领头军，更应该与低碳、节能、环保紧密结合，以促进行业的可持续发展。智能建筑在利用智能技术为人类创造安全舒适的建筑空间的同时，更重要的是要实现人、自然与建筑的和谐统一，利用智能技术来最大限度地实现建筑的节能减排，促使建筑的可持续发展，这样才能长久地服务于人类，实现真正意义上的绿色与节能。

北京奥运会馆水立方的建设，充分利用了独特的膜结构技术，利用自然光在封闭的场馆中进行照明，其照明时间可以达到 9.9 个小时，将自然光的利用发挥到极致，这样大大节省了电力资源。同时，水立方的屋顶达能够将雨水进行 100% 的收集，其收集的雨水量相当于 100 户居民一年的用水量，非常适用北京这种雨水量较少的北方城市。水立方的建设，充分体现了节能环保的绿色建筑理念，在满足人们工作需求的同时，也满足了人们对于绿色生活和节能的全新要求。

智能化城市的发展离不开智能建筑的建设。智能建筑的建设应该充分利用现代化高科技技术来丰富完善建筑物的结构功能，将建筑、设备与信息技术完美结合，形成具有强大使用功能的综合性的建筑体，最大限度地满足人们的生活需求和工作需求。但智能建筑可持续发展的前提是要满足时代发展的要求，这就要求智能建筑在保证建筑功能完善的同时也要响应绿色节能环保的社会要求，以实现建筑、人、自然长期协调的发展。

第五章　建筑工程项目资料管理

第一节　建筑工程资料管理中存在的问题

建筑工程资料是反应建筑工程施工质量的客观因素，也是后期工程扩建和维修工作进行的依据，由此可见，做好建筑工程资料管理工作对建筑工程的意义。为此，本节从建筑工程资料管理中存在的问题，在此基础上分析了建筑工程资料管理的改进策略，旨在为我国建筑工程资料管理工作的进一步开展提供意见。

良好的建筑工程资料能够为建筑工程建设过程中各项工作的开展提供依据，有利于管理人员对施工过程中的各项工作进行控制，并且完善了建筑工程的整体建设流程，实现了施工现场各项资源的合理配置，进而提高了建筑工程建设质量和效率，并且为后期建筑工程的竣工奠定了基础，也是衡量建筑工程质量的标准。

一、建筑工程资料管理中存在的问题

（一）建筑工程资料体系不够完善

建筑工程资料体系的不完善主要体现在建筑工程资料软件没有在全国范围内统一问题上，并且不同地区关于建筑工程资料总结的要求也各不相同，导致在归档时没有统一的标准。建筑工程资料体系不够完善的主要原因是建筑企业对建筑工程资料管理工作的重视程度不高，尽管近年来，我国已经就建筑工程资料工作制定了相应的法律规定和规章制度，但是却未得到良好的执行和应用。这是因为建筑企业对建筑工程资料重视程度较低问题，引起了档案管理人员工作的积极性和主动性，再加上建筑企业监管部门的监管力度不足，致使建筑工程在竣工之后会出现档案资料不够完善的问题，另建筑工程的质量也不能得到控制。

（二）不清楚建筑工程资料存在的意义

建筑工程资料能够反应建筑工程建设和管理过程中的每一项工作，并包括了隐蔽施工工序。此外，建筑工程资料对于建筑工程施工时期而言，是反应施工现场最真实的资料，客观地反映了施工工艺水平和施工现场质量管理工作效果；对于建筑工程后期改造时期而言，为建筑工程的扩建和后期装修提供了基础资料。例如，在对建筑工程中墙体隐蔽工程进行验收时，直接展示在验收人员面前的是完整的墙体，此时进行质量验收的方式有两种，一种是现场钻探，另一种是资料勘察，由此可见，资料勘察是一项经济性较强的隐蔽工程

质量验收方式。但是，部分建筑工程企业未意识到建筑工程资料管理工作的重要性和意义，致使建筑工程资料管理工作的作用得不到有效发挥。

（三）建筑工程资料管理制度不够健全

随着时间的流逝，建筑工程资料管理工作的要求也越来越高，为此，部分地区要求对建筑工程资料进行扫描，但是仍然有部分地区未对建筑工程资料进行扫描，致使建筑工程资料管理制度存在不健全之处。此外，部分建筑企业在按照规定收集好建筑工程资料之后，并没有按照规定进行装订和管理，致使资料管理容易出现混乱问题。

（四）建筑工程资料归档部门不够明确

为了做好建筑工程资料归档和管理工作，我国部分地区已经建立了质量监督站和建筑工程资料归档管理部门，但是仍然有部门地区缺少专门的建筑工程资料归档部门，致使建筑工程资料管理工作效率下降。建筑工程资料归档工作不够完善则会导致档案丢失等问题，部分档案管理人员会用复印件来代替档案原件，部分建筑企业的资料管理室甚至会当做休息室来应用，人员流动变化之大令建筑工程资料容易出现丢失现象。

二、建筑工程资料管理的改进策略

（一）健全建筑工程资料体系

为了不断提高建筑工程资料管理水平，建筑企业需要健全建筑工程资料体系，为管理工作的进行奠定良好基础，并在档案管理工作良好进行的基础上，建立相应的管理制度。此外，建筑企业需要将资料管理工作落实到具体个体上，通过责任制来明确建筑工程资料管理的职责和义务，在做好管理工作的同时，不断的规范管理方式和管理人员的行为。

（二）提高对建筑工程资料管理工作的重视程度

建筑企业需要提高对建筑工程资料管理工作的重视程度，并通过不同形式的宣传工作，提高建筑企业内工作人员，尤其是档案管理人员对工程资料管理工作的重视程度，并转变员工传统的工作理念，进而提高员工的工程资料管理意识。

为此，建筑企业可以在建筑工程建设工作开展之前，组织资料管理人员参加培训，通过举办讲座、集中学习培训、个性指导等教育方式来开展宣传教育工作，另全体员工能够明确建筑工程资料的重要性及其管理工作的重要性。培训工作的进行，不但可以提高资料管理人员对管理工作的重视程度，还能够提高其对建筑工程资料工作的掌握程度，进而更好地开展管理工作，为建筑工程质量的提高和建筑企业形象的完善奠定良好基础。并且，在建筑工程开始之后，资料管理人员便需要将各个建设时期的验收资料归入到总体施工档案中，从基础角度来确保建筑工程资料收集和整理工作的效率。

（三）做好建筑工程资料的收集工作

（1）建筑企业需要确保建筑工程资料的真实性、准确性、有效性、完整性，因此，需要做好建筑工程现场建筑工程资料的收集、整理、记录工作，避免出现不真实资料影响后续管理工作的进行。并且，要禁止资料管理人员在收集资料时，对资料进行随意更改，为技术部门处理后续施工过程中的问题提供真实有效的数据，避免造成判断失误的现象。总之，建筑工程资料收集和记录工作需要按照施工现场的实际情况来进行。

（2）需要注重对隐蔽工程验收和闭水试验数据资料的记录，在建筑工程施工过程中，一旦涉及了隐蔽工程验收和闭水试验，资料管理人员需要在旁边进行监管和记录，并在验收工作结束后，请工作人员在验收资料上签字确认，并且要确保记录数据的真实性，必要时还需要视频备份。

（3）为了确保建筑工程质量验收工作的顺利进行，资料管理人员在收集和整理各种分部、分项、批量质量检测资料时，需要应用标准表格进行，并且要形成书面报告，书面报告需要按照相关规定来完成，并应用黑色记号填写其中内容，不允许出现后期补录情况。

（四）做好建筑工程资料的分类工作

分类和归档是建筑工程资料管理工作中的重点环节，建筑工程资料能否按照规定进行归档和分类，直接关系到了其日后的应用价值和意义。为此，资料管理人员需要结合施工现场的实际情况，对建筑工程资料进行合理归档和分类，并按照归档分类要求，将建筑工程资料分为 A 册（主要包括了施工组织设计、施工质量管理计划等）、B 册（主要包括了施工技术资料及其相对应的管理资料）、C 册（主要包括了建筑工程的质量保证资料）、D 册（主要包括了建筑工程的质量验收资料），避免在后续的竣工验收工作中，再对建筑工程资料进行分类和归档。针对在施工现场收集到的资料，管理人员需要在资料盖章签字确认工作结束后，及时地将其放置进相对应的资料夹中，并形成相关文字记录；如果资料涉及了整体的建筑工程，或者是有后续的应用要求，管理人员则需要保留相对应的影像资料和电子文件夹，以便后续管理工作的进行，并为管理资料的查找奠定基础。

在整体建筑工程竣工工作完成之后，建筑企业需要结合实际的施工情况绘制竣工图纸，并且在图纸绘制过程中，需要安排专业的工作人员对图纸绘制工作进行监督，确保竣工图纸的绘制与实际的建筑工程工程相符。在竣工图纸绘制完成之后，建筑企业需要将竣工图纸和原本的设计图纸进行对比，并将存在差异的部分标记出来，如果发现竣工图纸和设计图纸之间的差异性超过了 30%，设计部门则需要重新提交审图，交由审查部门审查合格之后才能盖章，确认有效。针对整体审查合格的竣工图纸，施工部门需要在图纸的右下角签字确认，并盖章确认，以此来确保竣工图纸的有效性。

总之，建筑工程资料管理工作是一项系统性较强的工作，并且涉及了建筑工程从立项到竣工工作中的每一项工作，此时，建筑企业想要确保建筑工程资料的完善性，需要结合建筑工程实际情况，建立建筑工程资料制度，并全面提高企业员工和资料管理人员对管理工作的重视程度，从总体角度将管理工作提高到总体高度。

第二节　建筑工程资料管理工作的重要性

　　建筑资料包括设计图、合同文件与建筑许可、建筑的实际档案等资料，随着现代社会建筑规模的不断扩大，工艺更加复杂，建筑资料也变得更为繁杂。本节探究建筑工程资料管理的重要性，从工程前的管理、工程进行中的管理、竣工后的管理三方面，说明了管理好建筑工程资料的重要性，希望能够提升工程人员的关注度，保存管理好建筑工程中的相关资料。

　　建筑工程资料是在建筑过程中所出现的依托于各种载体的文献资料，完整的工程资料对城建档案的完善具有重要作用。在工程交工、质量验收以及事故后追责等方面具有不可替代的作用，因此，建筑工程资料的保存十分重要。在未来的城市发展过程中，建筑越来越趋于复杂化和大型化，完整的建筑工程资料是复杂建筑的重要"身份证"，管理保存建筑工程资料非常重要。

一、建筑工程资料管理在工程前的重要性

（一）控制工程造价

　　我国幅员辽阔，居民分布广泛，南北东西的气候地域具有很大差距，完全相同的工程，可能由于地域条件的不同，就需要用完全不同的施工方式。因此，在施工之前进行的造价估算就变得极为重要。不同建筑工程的规模结构，建造需求各不相同，再加上不同地域的客观因素，气候条件、要求工期、地形土壤等也存在很大差异，因此，不同地区不同建筑之间的工程造价相差非常大，对工程的造价预估显得极为重要。在进行工程建设的过程中，建设工程概预算要以设计的原始图纸资料等文件的内容为依据，结合国家的指标、工程补贴，以及不同地区的材料、人员等费用进行综合计算，对产生的花费进行预算，以此来确定该建筑工程所需的投资额度。如果工程造价计算差距过大，可能会导致建筑资金耗尽，无法完成，给建筑方带来巨大的损失。在进行建筑工程概预算的过程中，需要借助设计资料、政府相关文件、实际施工方案、招标文件、材料价格等相关资料进行综合的计算推断，这些资料都属于建筑工程资料。如果建筑资料管理不善，就会影响工程的造价判断，可能会给工程造成损失。

（二）保障工程安全

　　近年来，一些楼房倒塌，甚至是新建、在建楼房的倒塌新闻吸引了人们的视线，这类建筑事故的原因除了非法施工或是偷工减料之外，另一个重要原因就是工程资料的审核不到位。建筑工程资料关系到整个工程的顺利进行、安全发展。在建筑工程开始之前，要对工程资料进行反复核对，利用重复检查、电脑模拟等方式，确保设计图纸的安全科学，使得建筑物在施工时能够顺利地得以进行。建筑工程资料的管理，关系到建筑的安全性。对

工程资料进行有序的管理保存，就可以在工程开始之前的复验中更好地进行推演实验，确定工程的安全稳妥。良好的资料管理可以使验证者一目了然的注意到需要推演的内容，通过模拟等手段进行推演，保障建筑工程从一开始就能够科学安全地进行。

二、工程建设中建筑工程资料管理的重要性

（一）控制工程质量

建筑出现问题，除了工程涉及的不合理，另一个重要原因就是工程施工过程中偷工减料，质量不达标。在控制工程质量的方面，建筑工程资料的管理也占据着重要的位置。工程质量的控制分为对施工组织的工作控制和对施工现场的质量控制，要监督控制的内容包括工艺和产品两方面。在控制工程质量的过程中，能够对工程质量产生影响的主要有五大因素：人、机械、材料、方法、环境。对这些的控制，都离不开建筑资料作为参考。建筑工程中，专业的技术人员必不可少，一些专业技师要凭借资格证才能获取从业资格，对技师从业资格的验证留档，也是建筑资料的一部分。同样，技师所操作的专业机械，其质量、安全性等都需要进行检测并在建筑资料中进行留档。低质量的建材会对建筑的质量造成影响，为了防止施工中建材被以次充好，建筑工程质量保证资料是必不可少的，合格证、使用说明、质检报告都包括在其中。"方法"指的是施工日志，详细的日志可以记录下施工的详细经过，在制度上防止了施工的偷工减料。在施工过程中还要在不同时段对附近的环境进行影像留档反映变化。这些资料都属于建筑工程资料，工程资料的管理对工程质量控制具有重要作用。

（三）保障施工安全

施工工地地势复杂，含有很多危险因素，在施工中，工地事故是最容易发生的施工事故。对建筑资料进行管理，有助于保障施工的安全，这种保障是通过记录施工现场安全资料来实现的。对施工现场的安全管理，要做到预测、预报、预防，防患于未然。一个重要的预防手段就是建立安全生产保障体系，记录大量的施工现场安全资料。通过记录安全资料，可以预防危险施工所产生的安全事故，同时，安全资料还是安全管理的结果，通过借鉴前人的安全资料，可以使施工方注意到潜在的危险，防止因估计不足而产生的施工危险。施工现场安全资料是施工的实际记录与未来的施工指导，对于安全生产责任制的考核落实，安全资料就是书面上的安全施工证据。充足的施工现场安全资料，可以为施工的安全管理研究提供分析资料，进而建立更加可行的安全保证措施，建筑工程资料的管理对施工安全发挥的作用。

三、工程竣工后建筑工程资料管理的重要性

（一）处理安全事故追责

一旦出现建筑安全事故，完备的建筑工程资料可以帮助事故调查者快速排查问题，发现事故产生的根源，从而明确责任人进行追责。在出现安全质量事故的时候，首先需要参

考质量事故调查报告。需要对事故进行调查分析，掌握事故的具体情况并写成调查报告，对这次质量事故的实际情况进行详尽说明，上交监理工程师和相关部门，进行事故分析。同时还需要递交工程的相关许可文件，确定许可文件的有效性和建筑是否符合施工要求，是否存在设计缺陷等问题。最后结合建筑相关的法律法规，分析建筑资料寻找问题，判断事故的影响和原因，明确责任人进行追责，为质量安全事故做一个合理的解释。在这个过程中，管理良好的建筑工程资料可以帮助事故调查者尽快发现问题所在，明确事故原因，确定责任所在，为质量安全事故做出合理的交代。

（二）进行日常修缮

美国南达科塔州曾经的第一高楼在爆破拆除时，并没有应声倒下，只是出现了倾斜，最后不得不通过施工队进行拆除。失败的原因是该楼年代久远，相关的建筑资料已经散失不全，仅靠起爆工程师的判断才导致了爆破失败。可见，对建筑资料的管理不仅在建筑时，对建筑之后的修缮甚至拆除都有重要的作用。建筑工程资料中的施工资料，是工程进行中的实时记录，对工程的各个环节都进行了描述与记录，在现今的社会，建筑工程规模巨大且人员流动量大，原本建筑者可能都无法说出建筑的全部设计，但建筑工程资料可以"说出"。在工程结束进行验收的时候，建筑资料是原始的质量验收依据；在需要进行维修和改建或是出现突发事件的时候，是重要的建筑结构参考；即使是建筑废弃，掌握原始的建筑工程资料也能更好地保证建筑的安全拆除。由此可见建筑工程资料的管理在工程竣工之后起到的作用。

综上所述，建筑工程资料的良好管理具有非常重要的作用。在工程开始之前，可以用于控制造价、保证工程的设计安全；在工程进行的时候，用于保证施工质量、防止施工事故；在工程结束后，在对建筑进行维修改建等时候，依然离不开建筑工程资料作为参考，一旦出现问题事故，这也是最原始的参考研究资料，可见建筑工程资料管理的重要性。

第三节　建筑工程资料管理控制

排列有序、内容齐全、清楚明了的单位工程施工质量技术资料，必须根据工程实际施工，按照有关规范、规程去检测、评定，做到物体实际质量等级与资料内所记载的质量数据相符，这是物体质量实质反映。

由于工程一般都具有隐蔽性，对工程质量的检查，往往需要通过资料来体现，如果对工程资料管理不到位，工程资料出现不完整、欠缺漏，不符合有关标准规定，则对该工程质量具有否决权。

一、建筑工程资料管理

（一）工程资料的分类及构成

施工企业的工程资料一般按工程技术管理、工程质量保证、工程质量验收三大类进行管理，概括有：工程测量记录、工程施工记录、工程试验检验记录、工程物资资料、施工验收资料，这些资料是在整个工程建设过程中形成的，所以必须清晰掌握施工质量管理流程，才能准确知道什么时间该形成什么资料。

（二）全局统筹，团队协作

工程资料的好坏，全局的统筹很重要。工程资料不是资料员生成的，更不应是资料员闭门造车"生产"的，是项目负责人、项目技术负责人及各专业技术人员共同竭诚协作产生的。

项目开工前，应由项目负责人主持召开项目施工统筹会议，明确各职能分工、岗位职责，工程资料具体运作由项目技术负责人安排，施工员、质检员、材料员全力配合资料员。

以某工程的地基与基础工程（分部）的桩基础子分部为例，该工程桩基础为冲孔灌注桩。在分部工程开工报告获得审批通过后，由项目负责人主持召开分部工程专题会议，根据图纸会审、施工方案、检测方案，项目技术负责人对各专业技术人员进行交底：测量人员根据图纸在完成坐标定位测量记录后，再进行基线复核，填写工程基线复核表；材料员要严把进场材料质量，审核进场材料（钢筋、焊剂焊条）合格证、厂家形式报告、进场数量，确定进场材料需送检批次及跟踪材料检验报告，尤其是商品混凝土产品质量证明文件；施工员、质检员要结合施工方案，详细掌握工程施工的难点、要点和工序，对施工班组进行分项工程质量技术交底，填写分项工程质量技术交底卡，并在施工过程中填写对应相关的施工记录：冲孔桩成孔施工记录、冲孔桩钢筋笼安装隐蔽验收记录、冲孔桩隐蔽验收记录、冲孔桩灌注水下混凝土记录、护壁泥浆质量检查记录、混凝土坍落度检测记录、土方开挖后桩基础复核及桩质量检查表，和各分项工程质量验收记录、检验批质量验收记录；桩基础完成施工后，由检测单位进场进行检测，现场施工员、质检员全程跟进。

桩基础施工、检测全过程，资料员必须密切与测量、材料物质、施工、质检、检测单位沟通，按施工工序及时收集，当某一环节资料出现问题时要及时向项目技术负责人提出，由项目技术负责人组织各专业技术人员研究解决。桩基础完成检测后，资料员要抓紧对收集的工程技术资料按归档要求进行整理、组卷，项目负责人、项目技术负责人根据施工实际签署桩基础子分部的验收记录：工程质量控制资料核查记录、工程质量验收记录及纪要、工程质量验收申请表及审核桩基子分部施工小结。

（三）重视资料的真实性、逻辑性和可追溯性

施工技术资料的填写主体为专业质量检查员或专业工长，要求项目齐全、准确、真实，有关责任方应按规定签字盖章，工程资料员应随工程进度及时收集、整理，并应按立卷要求归类。工程资料不能随意进行涂改、伪造或损毁；当确实需要修改时，应实行划改，并

由划改人签署。

资料要经得起推敲，经得起细看，收集资料时要细心，注意细节。比如施工工序的逻辑先后性，楼板是先支模板，再扎钢筋，最后浇筑混凝土的施工顺序，要注意资料的时间填写上是绝对不能弄反了的。检测的时间要真实准确，原材料的标本要真实，不可弄虚作假，检测部位及数量要真实可靠，检测方法要真实准确，数据结果要真实准确。管理性文件要求规范齐全；现场施工记录要根据实际情况填写，并做好签字及时和齐全，描述具体并具有可追溯性。工程资料的可追溯性要求非常严格，这要求工作中每个细节都不能出错，也就是说，从原材料的一进场，各部门就要进行全程跟踪，直至形成工程实体。

（四）合理筛选，提取有用资料

资料不是越多越好，能反映施工现场、施工过程，施工结果等现实情况的资料才是有用的，才能对项目形象、效益等产生作用。如原材料的随车材质书上不仅要有生产厂家的公章，还要有供应商的公章，这样当材质出现质量问题时，才可凭借材质书追究其责任，追溯生产厂家的产品质量，从而保证项目利益不会受损；工程过程中收集的各类活动的文字、声音、图片及视频等资料，是既可真实反映施工状况，又能反映项目企业文化良好形象的资料。

三、影响建筑工程资料管理原因与建议

（一）原因

（1）主观认识存在偏差。认为工程资料是资料员一个人的事，造成资料员大包大揽，资料员的优劣代表了工程质量的优劣，这是错误的认识，有的工程甚至不设专职资料员，由其他岗位的人员兼任。

（2）知识结构不尽合理，人才投入明显不足。工程资料编制和整理归档的人员应该具备岗位资格证书，具有相关的法律法规知识、专业技术知识、以及信息管理知识和科技档案管理知识，同时，还要熟悉地方主管部门发布的相关政策文件。资料问题更多的是由工程施工的问题引发产生，资料问题同时也是工程质量问题的综合反映。

（3）管理制度不够健全，职责不清，责任心不强。工程资料管理制度、管理工作制度等不健全、不完善、不落实，直接或间接影响工程资料的质量。没有认真落实岗位责任制或者因人员设置或岗位调整造成职责不清，相关岗位的相关资料编制、整理工作无人落实，责任无法追究。有的工程技术人员、质量管理（检查）人员、施工管理人员和管理人员有重实体轻资料的思想，资料的编制、收集、分类和归档工作与工程进度不同步，往往一拖再拖，最后临时拼凑或杜撰，制作假资料应付。

（4）硬件设施不完善。工作条件和环境对工程资料质量的好坏有很大影响。无办公场地或办公场地简陋、无资料存放柜或资料柜不合要求、无电脑设备、文印设备和办公台凳等均对工程资料的编制、保管、安全产生不利影响。

（5）监督检查不严格，监督服务跟不上。①有的监督人员对工程实体存在的质量隐

患能认真严格处理，但对工程资料往往疏于检查、不严格检查或检查发现问题不处理或轻处理。②有的监督人员自身素质和能力跟不上，对工程资料存在的问题发现不了，对建设、施工、管理单位无法提供权威、有效的指导意见和监督服务。

（二）建议

（1）工程建设各责任主体的单位责任人和项目负责人，应该端正态度、正确认识、消除误区、熟悉并掌握工程资料形成规律，对工程资料的管理必须专人负责。

（2）建设行政主管部门或质量监督机构应加强法律法规的宣传教育，加强监管。既要狠抓工程质量，更应狠抓工程资料的及时性和真实性。

（3）工程建设各责任单位应该制定工程资料管理职责、管理规定和流程。制定具体奖惩制度，对工程资料进行定期和不定期相结合的巡检，奖优罚劣。

（4）加强对工程各专业人员的定期业务培训，不断提高人员的业务水平，教育专业人员爱岗敬业，负有责任心。

（5）资料的组卷工作是工程资料归档管理的重点和难点，企业、项目应高度重视，密切关注。

总而言之，做好建筑工程资料管理工作意义非凡。近年来，由于资料管理方面的问题导致建筑工程施工质量不达标、施工过程中出现较大的经济损失及人员伤亡的现象层出不穷。作为相关的管理人员，需要充分认识到做好建筑资料管理工作的重要意义所在。在今后的施工过程中，要求工程建设各责任单位主管（技术）负责人、项目负责人、各管理环节有关人员共同努力，以对施工资料进行严格监管，从而在保证建筑工程施工具有更高质量保证的前提下，减少不必要的经济损失和人员伤亡。

第四节　建筑工程资料管理规范化

工程资料在建设项目中具有重要地位，提升建筑工程资料管理规范化是历史发展的必然结果，通过进一步提高管理效率，不断助力于工程质量管理水平提高。虽然现阶段，在建筑工程资料管理过程中尚且存在不足，但随着发展，以及相关工作的有效开展，相信不久将来，建筑工程资料管理会越来越规范，同时，工程质量管理也会不断加强。希望本节的简明阐述，能够为建筑事业的稳定健康发展提供有效保障。

建筑工程属于长期、复杂性的工程，这要求相关的工程质量管理要做到有效监督，而建筑工程资料管理作为提高质量管理过程中的重要部分，同建筑工程质量管理是密不可分的。基于此，在完善工程质量管理过程中，必然要提高建筑工程资料的管理水平，旨在提高认识，以此助力于工程质量管理战略目标的实现。

一、建筑工程资料规范化管理的意义

建筑工程资料的规范化管理是工程质量管理的重要组成部分，资料的及时收集、整理和归档能为工程施工提供规范化的目标，确保工程施工过程的规范化和标准化，最终确保工程质量的管理监督。建筑资料的规范化管理，是全面对工程建设各个环节的建筑资料进行规范化管理。而资料管理人员规范化开展资料管理工作，能在工程开工前、施工时、竣工后对工程质量进行全面的管理监督，规范施工现场的施工工作，监督质量管理工作人员加强工程质量监督管理。最终实现工程资料的规范化管理，发挥工程资料管理工作对工程质量管理的监督作用，实现部门之间的通力合作和沟通交流，全面加强对工程质量的监控。

二、建筑工程资料规范化管理中的问题

目前，资料管理工作没有达到规范化的工作标准。其主要原因是资料管理人员以及质量管理人员还没有明确两者的关系，在工作中没有实现很好的合作和交流。从而导致整个工程资料管理与工程质量管理分离，使得工程质量管理监督工作效率不高，工程资料管理人员没有积极的工作态度。在工作中的主要表现就是资料管理人员不受质量管理监督范围的管理，其工程态度懒散，工作积极性不高，很多时候不积极主动收集、整理以及送检工程相关资料和报告，这严重制约着工程质量管理监督工作。

三、规范建筑工程资料管理措施

（一）全面管理建筑工程资料

负责工程资料管理的工作人员自工程开始之前一直到工程结束，都需要进行相应的整理和管理资料工作。首先，在正式施工之前，资料管理人员需要明确工程相关资料，包括基本施工情况，主要负责人，施工范围，注意事项等等，而这些资料则需要工作人员从负责工程的施工单位和设计单位获取，资料管理人员加强对工程施工设计了解程度，从而有利于进行相关的基础工作，为之后正式施工打下良好的基础。其次，施工过程中的每个步骤都是提前设计完成，施工中按部就班完成的，这就需要资料管理人员做到在未开工之前进行良好的资料管理工作，将相关的材料单以及各种审核表等与资料进行对应的整理，从而促使工程各个环节的进行都能没有失误的进行。在工程竣工之后，资料的管理人员需要将涉及工程各个部分的详细资料以及相关的凭证整理完毕，之后将资料送往监理单位，落实监理单位对工程施工的检查和审核工作，获得确认工程审核没有问题的文件之后，处理好相关的工程善后，确认工程的良好完工。

（二）制定规范化的管理制度

完善和规范工程资料管理的过程前提是具有一个严谨的资料管理制度，从而促进管理人员能够按照标准规范自己的工作流程，管理自身行为。首先，制度中需要明确工作人员的工作细节，让管理人员明确的了解工作范围内需要做什么事，而哪些又是不在工作的范围内。通过严格的工作流程和奖惩制度，减少了管理人员利用职务之便中饱私囊，没有保

证资料的真实性，抑或是管理资料过程中的敷衍了事等问题的出现，实现管理人员的工作效果的有效提升。其次，落实定期地对资料管理人员的考核机制，检查管理人员的资料管理工作是否切实的实现真实性和全面性这两个关键点，根据被考核的人员所具备的职业素质给予相应的奖赏或者处罚，奖赏的方式可以通过奖金，社保办理等途径实现，而处罚就要根据工作的失误程度而定。只有严格严谨的资料管理制度，才能促进管理人员不断完善自身工作，实现将各项制度落实到实处，从而确保工程没有失误的完工。

（三）创新建筑资料管理模式

不断创新改良工程资料管理的工作，促进工程资料管理的完善和先进。而本节所提到的促进管理工作良好发展的资料管理新模式是：建立起各部门之间的合作关系，其中尤为需要重视的是建立审理部门，设计部门之间的联系。在工程竣工时，各部门之间的联系的重要性凸显得尤为重要，通过全面性的部门之间的合作，将工程资料进行良好的整理，并将资料顺利地送往审理部门进行审理，确认工程质量的标准程度。资料管理创新其中还有很重要的一点是信息技术的使用，在这个快速发展的社会，科技信息也走在社会发展的前端，资料管理也可以通过信息技术更好地实现自身的价值。这也就对管理人员有了更高的工作要求，不仅要熟练地掌握最基本的工作流程，同时还需要具备现代化的操作技术，从而促进工程档案管理实现理性管理，保证工程质量能够进行范围之内的控制。

（四）加强协调配合，形成项目档案管理工作合力

竣工资料管理是整个施工过程中涉及最广的管理工作，想要良好的完成竣工部分，需要将各个部分的施工资料进行良好的整理，将各个施工步骤真实的，完整地记录下来。但是仅仅是资料管理人员是难以实现工程资料记录的完整性的，因此，管理人员应该与审理部门，施工部门，监察部门等进行良好合作和沟通，从而保证资料的良好质量。竣工的良好的完成需要充足，全面的资料作为支撑。由此可见，在工程的收尾阶段，各个部门都要落实自身的责任制度，将各自的工作重点落到实处，为之后资料整合和管理工作打下良好的奠基，同时，监管部门也应该实时对工程资料的真实性和严谨性进行监管，对于出现问题的地方及时纠正。对于工程施工资料具有一个最基本的要求，就是符合法律法规的操作要求，法律作为理性标准，是在进行任何工作之前都需要考虑的基本前提，我国作为一个依法治国的社会主义国家，以及法律法规自身的严谨性，要求工程进行的每个步骤都必须严格的遵照法律标准进行，从而确保工程能够收到预期的建设效果。

（五）施工技术的资料与工程同步，做到有效保存与记录

工程资料管理相关规定要求资料添补的进度要和施工进度同步，在资料整理的过程中，需要工作人员随时去施工场地了解实际情况，完善资料，及时上交需要审核的资料。并且尽量的确保资料填写的字迹清楚，格式标准，内容准确无误，在每份资料上都有相关部门的负责人签字确认。此外要重视资料的记录和保存。工程建设资料是工程质量的重要证明。因此，实现资料的真实性记录之后，加强对资料管理的重视度，明确分类各个部分的资料，确保之后在施工过程中能够顺利将其调用。

（六）实现"工程项目文档一体化"的工程资料管理模式

首先，在完善资料的过程中，需要管理人员进入施工场所进行实地勘察，这就需要完善管理人员的岗位制度，实现管理人员在具备专业业务能力的同时，还具备检测检查，勘探设计等工作技能。

其次，将工程建设资料进行阶段性的管理和整合，实现资料的专人管理，专门分类，专部负责，按照各个工程和季度进行编制管理，从而实现资料管理的严谨化和规范化。

最后，根据施工流程明确工程资料的进度和质量，对于审核有问题的资料拒绝其进一步的工程跟进，发现存在的问题，及时解决，从而尽量减轻由于资料的整合问题而导致竣工验收出现问题。

综上所述，作为相关的工程质量管理人员，明确规范建筑工程资料管理策略是必要的，在实施有效管理过程中，必然要与实际工程项目为参考，积极认清建筑工程资料与建筑工程质量管理之间的联系，以此制定更加符合实际并且具有规范化的资料管理体系，助力于工程质量管理水平提高，此外，作为建筑工程资料管理工作人员，要时刻与工程质量管理人员，保持紧密沟通，要学会协调发展，以积极的合作方式，全面提高工程质量监控有效性。

第五节　建筑工程造价资料的管理

工程造价工作中资料的管理是非常重要的环节，是工程造价在进行工程项目预算时的重要依据。工程造价资料的收集、归类、整理必须要有一套完善的管理模式。建立工程造价资料管理制度也是工程建设的基础，在施工建设的不同阶段都需要进行投资估算、标底编制、竣工验收等工作。把这些工程造价资料管理好，有利于控制好工程建设中的投资范围。

一项建筑工程的开展所要涉及的面非常广，工程造价在工程建设前期就要开展，造价人员要对工程建设进行投资估算，编写可行性报告，初步设计概算等基础性工作。这些资料对后期施工建设的投资范围，都是非常重要的依据。管理好工程造价资料是关系到实际施工建设成本高低的关键因素。施工企业在合同的价格控制下能够得到多大的利润，都是围绕着造价资料为核心去计算的。

一、工程造价资料的分类管理

建筑工程项目的投标过程是进入市场的第一步，在投标过程中要把握住机会才能立足市场，在市场竞争中要想紧握机会，就要加大对施工企业工程造价资料的管理。例如：工程造价人员要在投标过程中编制好标书，标书对于是否中标起着关键作用。编写标书要明确好工程建设的施工方向，标书内部不清楚的地方要向业主咨询，不能缺失资料影响后期的投资。预算结果出来后，对这些资料进行排版汇总，进行有效的报价和复核标底。一个工程的竣工时期和在建时期对工程价值的设计概算、施工概算、结构工艺、施工材料等资料，都要进行单价分析。工程造价资料在竣工完成后，也要进行整理分析。所以在整个施工过程中必须管理好这些资料。施工单位可以利用电脑对项目的建设工期、主要工程量、采购材料和与运用设备进行分类，把每种设备的型号、规格、数量、市场分析、投资预算等方面的信息都标注出来。需要用这些资料时方便寻找。

工程造价资料中的图纸资料在收集时，技术人员要对图纸中的形式改变和工艺改变进行仔细地复核。如果有重大改变，哪个单位负主要责任，就要求哪个单位重新绘图。不能把在原图上进行过修改的图归档在资料里。例如"竣工图"如果里面有重大的改变和扩建等情况就要求施工单位重新绘制图纸，在图纸上附上记录，说明图纸改变的原因，工程扩建的说明。工程造价人员把这些资料重新归档收集，整理这些改动过的图纸时，要在原有的资料案卷上补充上改动说明。工程建设工程中，各个施工阶段的图纸都有相应的套数规定。工程造价资料管理人员一定要注意这一点，不能在收集资料的时候不知道资料的去向。例如：工程造价资料里的竣工图的编制就有二套，一套在城建部门保管，一套在施工单位保管，这两套资料都是后期项目进行扩建、改造时，施工单位和城建部门的合同依据。

二、工程造价资料的管理方法

工程造价资料涉及面广，资料数据和图纸构成都比较烦琐，管理好这项资料也是需要一套行之有效的管理方法。管理方面可以采取声像资料管理方法，工程造价人员在施工建设前期，利用现代科技技术把城市的规划、建设、施工会议等重要的工程审议阶段都拍成照片、录像，再用声音和文字对这些照片或者录像进行辅助说明。照片和录像在记录时要保持主体明确，不能后期加工，像素要达到 500 万以上，标注好工程项目的地点、周围环境、水电设施、外观、周边环境、设计单位名称、开工日期、竣工日期，占地面积等数据。

工程造价资料在收集过程中，必须通过计算机数据库来实现，相关技术人员通过 WBS 的方法和资料报送的渠道对各个阶段的资料进行整理，为工程建设过程中的各方主体提供依据。工程造价资料人员用工程分解结构的方法能够对工程、材料、设备的资料进行有效的管理。WBS 方法包含三个阶段，前两个阶段是工程承包单位的项目编码，是承包单位在交付施工时的最小工作成果。这些编码都能确定出施工阶段的具体费用、制度和质量要求。交付成果能够更好地体现出这些合同的运营成本和资源信息。整个工程资料管理也是围绕着工程交付成果展开的。工程造价的分类和编码在工程建设阶段是否能够应用，都是 WBS 构成因子起着关键作用。编码用于对室内环境、幕墙、土地沉降等工程的检测。在计算机上把工程承包下属单位分工好，就可以在计算机数据库里对这些单位进行编码管理。技术人员让计算机和工程造价资料管理相互结合，提升了工程造价资料管理的效率。

工程造价资料在收集时，要对工程的概况进行具体的描述。资料上要显示工程结构的质量，装饰标准、层高、工艺、地下室的深度。资料管理就是要把这些数据细致的收集起来，这样工程造价资料才显得有管理效果。对于后期的施工评价和分析施工数据都有帮助。对于一些审查后的资料，技术人员要填写各项接受说明，需要整改的及时要求相关部门进行整改。要在整个资料中记录好整改时间，工程整改报告，整改后检查人员所出具的复核人员检查资料。这些资料都要依据当地的资料档案管理办法进行审核归类。

工程造价资料的管理是为了对工程建设的投资进行分析，为建筑工程的投资额度做一个宏观控制。为工程造价和在施工中的决策提供依据。在一项工程的投资估算指标，工程建设投资编制，设计施工方案，投标工程报价编制工程流程中都会以工程造价资料为参考数据。用现代的手段进行工程造价资料管理，可以建立资料库，后期也能让这些资料数据具有更加广泛的应用价值。

第六节　建筑工程检测试验资料管理

建筑工程试验检测资料是建筑工程归档技术资料中极为重要的一个部分，它是反映建筑工程施工过程中各个环节施工质量的基本数据和原始、法定依据；是反映工程质量的客观真实的见证资料；是评价建筑工程质量的主要依据；是建筑工程综合评定质量等级的一项重要内容；更是竣工交付使用资料的核心。做好建筑工程检测资料管理工作，对于确保工程结构安全和工程的使用有着重要的意义。

一、建筑工程试验检测必要性

（一）保证投资者经济效益

工程效益就是建筑企业获取的经济效益，工程建设的质量直接决定着企业获取的效益。通过试验检测可以满足社会发展对工程的要求，提升企业市场信誉，为其带来史多商机。同时，通过试验检测工作可以使建筑在满足人们功能需求基础上，实现艺术的追求，为投资者带来巨大的经济收益。

（二）确保工程施工安全

随着建筑工程数量的逐渐增多，相应的安全事故数量也在增加，受到了社会各界人士的关注。国家针对建筑工程施工安全问题制定了一系列规章制度，为保证群众安全起到了重要作用。虽然有法制的约束，但是仍存在部分小法施工企业为追求高经济效益，在施工过程中投机取巧，缩减施工工序、偷工减料等，建成后的建筑为企业带来了短暂的经济效益，但是重要的是影响了企业的市场信誉，对企业的长久发展造成不良影响。

二、建筑工程技术资料管理中存在的问题

（1）试验、检测资料不齐。建筑工程项目中，规范对各项原材料、分项工程的检测数据都有明确的试验和检测要求，所有的质量检测数据都应按照规程、规范要求进行送检、见证、取样和抽检。通过在施工过程中及时进行相应的检测，详细、准确地予以记录并妥善保管。原材料及成品、半成品进场时的质量一般是通过进场检验产品合格证、出厂检验报告反映，但由于供应商不规范，出厂检验报告和合格证常常不能与进场材料同步到位并

保持证物一致，导致检测、证明材资料不齐全、实际使用的材料与出厂证明的质量、规格等不一致，无法归档。如某工程进户门出厂合格证明上为丁级防盗门，而实际使用的却是普通的钢质门、钢板厚度也不足产品合格证上的规格；又如工程中经常会碰到送检的材料质量是正品，而使用的则是质量不同的材料，这类材料大多发生在电线、PVC管材；钢材送检中的炉批号很少能物、证对号等。

（2）资料信息不详、不全。现场所抽样检测的分项工程部位、样品规格、取样地点等信息不详细、样品规格不明确、负工差已被生产商利用，资料中半成品未说明加工单位或加工企业无企业名称，导致无从追溯。

（3）取样频率、试验频率、检测数量不足。对于原材料试验、取样频率，桩基工程的检测数量等现行工程施工、验收规范都有明确规定。但施工现场极少能做到按规范的要求进行取样、检测，或取样不及时、少取样、取样代表性差等现象。如钢筋进场时分期分批、少数量进，而且炉（批）号不同，生产厂家、直径和钢种也不同，有时虽然生产厂家、炉号、直径等相同，但重量超过规定的数量只取一组试样、少于60t的漏取、数量更少的则不取等；桩基检测中为了节省检测费用，随意减少净载检测、动检中的三桩只检测一桩，且在检测中选择表观质量相对较好的桩等，代表数量的不确切，检测频率不足和有意识的选检等，若将些材料用于工程的重要结构或部位中、在这些选检、少检、漏检的桩基中却却是质量不合格的产品，都会给工程留下事故、安全隐患。

（4）资料书写和格式不规范。规范对试验、检测资料的书写都有严格的规定和要求，应按规定的格式填写、字迹清楚，采用黑色钢笔或签字笔、字迹清晰，如填写错误需更正时采用"双杠改"并加盖改正人的名（章），空白项目用"/"划掉，不能用涂改液进行修改。在很多施工资料中，有的字迹潦草，难以辨认；有的用圆珠笔书写；有的错了用涂改液随意改写等。

（5）试验、检测资料还有一个更为重要的内容，就是签字程序的合法性，所有试验、检测结果都必须是签字齐全并具有法律效率。对于法定检测单位出具的检测报告不得有改动，如确实是检测单位改动的，必须加盖单位公章，对施工资料中采用的复印件应当加注原件的存放处。

（6）检测试验的取样及资料管理。随着高层建筑和大型建设项目的出现和增加，建筑工程施工期从开工到竣工所需要的时间比较长、建筑用材的复杂性增加和新材料、新技术、新工艺的出现使检测试验项目增多。所以建筑工程检测试验资料的数量不断地增加和内容增多、复杂，这从某些方面也增加了建筑工程资料管理的难度，要求检测项目的多。施工过程中各阶段的检测资料繁多、跨时长，检测、试验人员变动和检测报告、取样数量、试验科目没有统一的编号和专人的管理则成为检测、试验资料管理不善的主要问题。

三、提高检测试验资料质量的方法与措施

（1）提高检测试验人员的职业道德基准和专业技术水平能力。检测试验的正确很大程度上取决于检测试验人员的职业道德和专业技术水平能力。首先要按照规范进行检测、

试验；其次按照正确的方法进行操作、分析、统计、计算，得出科学正确的检测试验结果；最后按法定程序进行签字报告。公正、科学地检测试验，程序化、规范化地统计、计算、分析，结论合法、负责任地报告。

（2）检测应当按照施工质量标准规定的项目内容、频次进行，完成试验记录资料，确保检测试验结果正确、资料及时性、真实性，通过检测试验促进工程质量的提高。

总之，建筑工程试验检测是建筑工程质量安全保障体系中的一个重要组成部分。严格遵循规范要求是建筑工程检测工作的前提。在建筑工程试验检测中，材料问题、结构问题也经常表现出个性特征，因而检测方法也必须不断发展和创新，灵活运用检测方法，可以取得事半功倍的效果。

第六章　建筑工程项目招标管理

第一节　建筑工程项目招标管理问题

最近几年，国内建筑行业实现了迅猛发展，而且朝着更加完善、规范的方向进行前进。在建筑工程之中，招投标这一工作不仅会对市场竞争具有的公平性造成直接影响，同时还会直接影响建筑工程整体建设质量。现阶段，国内建筑项目在招投标方面的都存在管理不善的问题，这对建筑行业的持续发展造成较大影响。对此，建筑行业需要对招投标方面管理问题进行细致分析，并且针对具体问题提出相应的解决对策，进而促使建筑行业健康发展。本节在分析建筑行业项目招标方面管理现存问题的基础上，对解决建筑行业项目招标方面管理现存的问题展开探究，希望能给有关工作人员提供相应参考。

前言：在国内，招投标这一制度已经经过三十多年的发展，在经济高速发展期间，招投标方面的管理制度同样在逐渐完善。我国制定招投标这一制度，可以给招标单位带来紧张感，促使招标单位对自身日常经营以及管理加以重视，并且不断提高自身的技术能力，对资源加以合理分配以及利用。然而，由于国内的招投标这一制度施行时间晚于国外，所以在管理方面存在不少问题，这都对建筑行业实际发展造成较大影响。所以，对解决建筑行业项目招标方面管理现存问题的对策展开探究意义重大。

一、建设工程招标存在的问题

（一）招标文件编制存在漏洞

法律形式的项目招标，应当按照招标投标的有关法律规定进行。建设项目招标时，投标单位或者招标代理必须严格掌握招标文件的编制。在实际的项目招标投标过程中，虽然投标单位或招标代理已经通过自己对项目的了解准备了项目招标文件的内容，但其能力水平还远远不够。由于投标文件中投标单位的编辑能力参差不齐，项目投标过程中出现了大量与项目实际需要有偏差的法律法规条文等。投标文件编制中存在的许多缺陷给投标过程带来了严重的障碍和挑战。由于缺乏准确性，投标文件的编制未能为许多评标单位提供评价标准，导致了投标过程操作不当，甚至评标不正常。

（二）招投标制度不完善

目前我国的招标规则和法律制度并不完善，市场监管机制还不够完善。我国虽然颁布了《招标投标法》，其规定对建筑工程市场具有一定的限制性和规范性作用。但从实际招标操作来看，该规定缺乏强制性规定，一些关键环节过于粗糙，可操作性不足，部分招标机构的非法经营和部分投标人的恶意竞争不会受到处罚。此外，许多政府部门在执法方面并不严格，并没有严厉打击非法经营和恶意竞争。惩罚措施相对较轻，不能达到预防管控的效果。同时，投标公司都违反了法律法规，导致投标市场混乱，违反了公开、公正、公平竞争的原则。投标管理部门只在报告单位提供信息审查报告时才记录项目成本。由于缺乏严格的审计和检查，导致很多人钻法律的空白。

（三）招投标行为不规范

投标行为是否规范直接关系到招标投标的公平性，体现在投标单位和投标单位两个方面。按照《招标投标法》的规定，任何单位和个人不得对依法必须招标的项目进行修改，也不得规避招标，中标人不得将中标项目转让给他人。但是，有些招标单位采用各种方式伪造和违反公开招标项目的规定，将依法招标的建设项目分解或者分割成几个小项目，不符合招标要求，甚至请求避免公开招标。有些投标单位在招标后，以增加工作量和成本为借口，避免招标，妨碍施工项目招标，损害承包商利益。还有有些投标人只有在获得项目后才能进行报价，他们通常通过减少项目的报价，然后在施工过程中偷工减料，或者欺骗性地骗取中标项目。

（四）评标工作不规范

投标评价是投标工作的重要组成部分。目前我国尚未形成科学、有效、公平、合理的评标体系。鉴定专家的专业知识、法律知识和职业道德不高。一些专家甚至丧失了原则，寻求利润。他们不坚持公平的评估，妥协一些隐藏的规则，导致不公平的评估。评标是投标过程的核心，是项目标定的基础。评标是对投标人提交的投标文件进行分析比较，判断其优缺点，提取评标报告，并向中标人提出建议和意见。目前我国广泛采用的项目评价方法主要是综合评价方法。专家在评估活动中有很大的操作空间。评价的质量主要取决于评价专家的道德约束和道德规范。在当今复杂的环境下，道德约束力比较薄弱，评标专家在投标活动中的违法行为非常普遍。

（五）经济管理不规范

经济管理的过程中，主要结合招投标工作全面分析经济状况，明确未来发展趋势，对经济活动会产生直接影响。例如，在出现经济膨胀现象的时候，工程所在地的工资与物价会有所增加，与合同预期的数据相较，出现涨幅，货币会超出合同预期的贬值幅度，会引发严重的风险问题。同时，还会出现外汇方面的风险问题，如果工程所在地的外汇政策出现变化，汇率就会有所波动。应全面了解外汇管制特点，了解外汇比例情况，如果没有进行合理的分析，将会引发严重的经济损失，如果不能进行科学管控，将会影响整体工作效果，无法满足当前的经济发展与管理需求。

二、解决建筑行业项目招标方面管理现存问题的对策

（一）严格把控招标全过程

为确保招标公正公平，需要对招投标管理过程加以完善，可采用建立健全的信用监督管理体系，制定严谨的招标文件和符合项目特点的评标办法，政府职能部门事前应对招标文件中偏向性条款进行筛查，事中对开评标过程实行监督，实现招标、评标人员分离，堵住资料外泄的漏洞，完善事后投诉监督机制等一系列方式，以防其在招标期间出现违规行为。对于招投标过程中出现的失信行为采取零容忍态度，对失信的投标人员、单位可将其列入"黑名单"库，在信用平台上公示，限制其投标行为，严重者移交司法机关；对失信的评审专家实施不良行为量化积分，禁止其在一定期限内参加评标活动，严重者取消其评委资格，从而确保投标以及招标过程可以有序开展。

（二）大力推行全过程电子招投标管理

电子招投标管理是指通过身份认证、电子签章等技术实现投标人网上竞标，招标人、评审专家线上评标的管理过程，具有低成本、跨区域、高效率以及透明化的优点。在招标过程中，电子招投标系统不仅通过自动筛查IP地址判别投标文件是否由同一地区电脑上传，还能在清标时能够筛查出投标文件、工程量清单报价异常一致的情况，最后自动计算汇总各项评分，辅助评审专家判断是否围标串标。在招投标各环节全程留痕，所有资料自动归档，全程追溯，能做到动态监控、智能辅助、全程记录。

如今电子化的招投标方面的管理已经成为发展的必然趋势。通过对招投标的全过程实施电子化的管理，可以有效遏制各种围标套路，又能防止个别单位通过特定标记向评审专家传递信息，保障招投标流程合法合规。

（三）对投标单位进行严格监督及审查

招标单位需要组建专门的监督调查小组，对参与中标的单位的整体实力、资质、诚信记录、内部管理情况、财务情况以及技术设备等内容进行严格审查。一旦发现投标单位在财务、管理、诚信以及技术方面存在问题，严重者应取消其投标资格。如果符合要求，评委会可以结合投标单位整体实力以及标书质量按照一定比例进行打分，进而对中标单位进行综合评定。

此外，在发放中标通知书之前，针对拟中标单位还应进行"业绩复核"，即招标单位、监督单位派专人到拟中标单位标书中所列举的过往业绩实施地进行现场核查，对业绩的真实性、公司的履约能力等进行调查。如果发现与投标文件中实质响应性条件相违背的，应立即取消其中标资格，并将其列入政府机构的监督与诚信平台的"黑名单库"。这样一来，可以甄选出综合能力强的施工企业，并且为未来建筑施工整体质量提供保障。

综上可知，针对建筑工程来说，招投标过程中诸多乱象除了会对整个建筑市场未来发展造成影响之外，同时还会直接影响建筑施工整体进度以及质量。对于此，政府监督部门、招标单位需严格把控招标全过程，对投标单位进行严格监督及审查，并且大力推行全过程

电子招投标过程来保证建筑市场的交易的公平公正。只有这样才能为工程项目找到实力强劲的施工企业，建筑质量得以保证，同时促使建筑行业持续、健康发展。

第二节　建筑工程招标代理的质量管理

提高建筑工程招标代理的质量管理，对加强招投标的质量和规范建筑市场的交易行为具有很重要的意义。本节在陈述建筑工程招标代理的意义的前提下，主要对影响建筑工程招标代理的质量管理因素进行几点陈述，并对解决问题提出了作者的个人观点和建议。

建筑工程的招标代理是一项复杂、系统、长期的工作，所涉及的领域非常全面，比如规划设计、工程视察以及工程管理等。根据调查看，建筑工程招标代理在这个行业发挥着非常重要作用，很多大型建筑工程项目也都是采用这种公开招标的形式。

一、建筑工程招标代理的意义

招标代理工作质量的好坏对建筑工程的影响，不仅在于能否选择到一个好的承包商，而且在招标代理的关系终止后还将继续影响工程目标的实现。首先可以降低招标单位的招标风险，一般招标单位不具备相关的独立招标资质和编制招标文件的能力，如果自身组织招投标，编制的招标文件存在错误或不足，会导致招投标过程有阻碍甚至失败。既不能保证工作招标质量，也会造成过程中发生浪费现象，增加招标成本；其次，有利于规范招投标市场的交易行为，招标代理拥有专业招标人员，熟悉建设工程法律法规，招投标流程，能够大大提高招投标质量，做到依法依规和建设行政主管部门的要求进行招投标工作；最后，可以促进招投标工作的顺利进行与建筑市场的健康发展，工程建设的专业化是未来发展的趋势，由专业行业、专业人员做专一事情，能够实现工程招标代理产业化、专业化。

二、影响建筑工程招标代理质量的因素

（一）相关法律法规未能及时更新

由于建筑工程招标代理的行业在中国起步比较晚，是近几年才发展起来的，因此有关机构在推行招标代理制度的时候实践经验还比较欠缺，加上相关的法律法规不够健全，从而造成了现行法律法规存在一些漏洞。

（二）建设单位的外部干涉及规避公开招标

据调查显示，有很多建设单位在委托招标代理机构进行招标的过程中，常常以"外陪标、内定标"的方式干涉招标代理机构正常工作流程，委托人会要求招标代理机构按照委托人的意思来招标，否则就不把业务委托给招标代理机构。为了躲避公开招标，一些建设单位打擦边球，将应该依法招投标的过程项目进行拆分或者把项目化整为零，分成若干个小项目，使其达不到公开招投标的要求。有的利用项目的实施时间短为由来不及公开招标

的，改用邀请招标。

（三）招标代理机构的内部问题

我国的建筑工程招标代理行业和机构内部也都存在一些纰漏：招标代理机构的从业人员综合素质普遍不高，招标代理队伍的建设水平有限，不能出色地完成招标文件的编制、资格审查、评标定标工作。与招标人勾结，通过制定限制性要求或量身定制抑制潜在投标人。招标代理机构缺乏独立性，一般都是靠关系来获取代理业务。巧立名目把一些隐性项目以咨询费的名义收取高额的费用，在一定程度上败坏了市场诚信，阻碍了招标代理行业的健康发展。

三、提高建筑工程招标代理质量的建议

（一）加深自身性质的认识，保证常规服务周到细微

招标代理机构要做到常规服务周到细致。招标代理机构的常规服务包括和委托人沟通后发表招标公告、对投标单位进行资格审查，编制招标文件，组织开标评标，整理上报资料，协调合同签署与实行等方面，例如编制招标文件这个方面，一定要做到万无一失，周到细致，招标文件关系到招标工作能否顺利进行，也是整个招标过程所遵守的法律性文件，投标和评标都要以此作为依据，当然也是合同的一个组成部分。在对招标文件进行编制时绝对不能出现明显的错误，或者含糊其词的地方，不能有歧义和矛盾的出现，各项条款都不能与投标人的利益相违背等，作为专业的投标代理机构，应该是具有丰富的经验和广泛的投标商信息的，要有的防止漏洞产生而给投标人可乘之机。

（二）提高服务意识、按规范程序组织招投标

一方面，招标代理机构应该严格按基本建设程序办事，编制一套完整的、规范的招标文件，要审核拟招标项目是否已进行到招投标阶段，项目的审批程序是否已经完成，资金是否已经落实，要确保招标过程的合法性，避免因为考虑不周而引发的争议，比如：资金问题、计价方法、评标方法、合同类型等。认真把关，严格审查投标单位的资质，细致的做好招标代理工作，防止招标失败。另一方面，招标代理机构也要提高服务意识，保证常规服务周到细致。招标代理机构的常规服务包括：与招标单位串通、发表招标公告、审查投标单位资格、编制招标文件、组织开标评标、整理上报资料、协调合同的签署与实行等。实行招标代理项目责任制，工程建设项目招标代理委托合同应明确从事本项目招标代理人员，并如实记录在招标代理业务手册中，报监督机构备案。严格代理合同备案制，招投标监督管理部门要认真核查委托代理合同是否规范、招标文件是否存在排斥潜在投标人的条款和是否允许招标人随意裁决的内容，检查招标程序是否规范。

（三）提高从业人员综合素质，建立信用考评机制，大力推行全程电子化招投标

建筑工程招标代理机构要想做到可持续发展，必须从自身的人才队伍建设开始，必须提高从业人员的专业水平和综合素质，重视对从业人员的继续教育，并且要求他们了解和掌握相关的法律法规。建立全行业的信用评价考核体系，实现信息共享。大力推行电子化

招标，电子化招标平台的使用，增加了招投标工作的透明度，传统的招投标工作往往是少部分人能参与，因此，暗箱操作、串标、围标现象十分频繁，但是采用电子化招标技术后，多数社会公众均可在专用网站上看到招投标的进程，得到社会大众的监督，使得招投标的过程更加透明化、公正化，既节约了资源，又实现了资源的优化配置。同时通过招投标电子化的技术使得招投标周期大大缩短，提高了招投标的效率。

总之，建筑工程招标代理行业的发展是市场经济发展的必然产物。健全招标代理行业市场发展机制、健全法律法规，解决招标代理行业及招标代理机构现阶段存在的问题，对于招标代理活动的顺利组织，推进工程招标代理行业和谐、有序、健康的发展起着至关重要的作用。

第三节　建筑工程招标采购管理

建筑工程项目成本造价管理中重要的一个环节就是招标采购管理。良好的工程招标采购管理能够有效提高工程的施工速度，并且提高工程建设质量，还能节省施工成本，有利于实现工程项目施工管理。在本节中，笔者积累了大量建筑施工工程招标采购管理的经验，在分析当前工程项目招标采购情况的基础上，对工程招标采购管理提出相关的优化建议，以促进我国工程企业招标采购管理效果不断提升。

一、建筑工程招标采购管理存在的问题

现阶段，我国建筑工程项目的种类以及数量急剧增长，这在一定程度上推动了我国建筑行业的发展进程，同时，其还增强了我国建筑行业在社会经济上所占据的价值地位。其建筑市场的竞争程度也随之变得愈发的激烈，众多的建筑施工单位想要在其中一跃而出，就需要不断地强化自身的竞争实力，增强自身企业在市场中所占据的地位。其会不断地研发新型的施工方式以及施工技术，增加建筑设施的性能，以此来吸引客户，增加消费人群的数量。但是其所开展的建筑工程施工管理中会存在一定的施工管理问题，其中招标采购管理环节的问题比较严重，其会直接影响到整体的施工管理效果，对此，建筑施工单位应当注重对该环节的重视，不断的优化其施工流程，找出其所存在的各类问题，为其后续的施工做铺垫。

（一）观念层面

目前，我国大多数的建筑项目会使用到各类的技术设备等，所以建筑施工单位会过于关注其技术以及效率等方面的问题，其认为这些因素会直接影响其项目最终的经济收益，同时还会影响到自身企业的竞争力以及价值。在实际的建筑工程项目施工中，其经济效益主要取决于其项目中的人力物力等是否可以发挥出其自身最大的效用，真正层面上的达到物尽其用、物有所值的目标。想要确保其工程项目开展的顺畅，就需要构建出一套较为科

学合理的管理机制，但是，现阶段，我国建筑施工单位对建筑施工管理机制构建的重视程度低下，没有注重其管理的问题，这就使得大量资源能源过渡的被损耗，让其投入和资本产出不成正比，整体产出效益低下，另外，其还会在一定程度上制约其他方面的方面。

（二）施工管理制度

建筑工程项目具有极强的冗杂性，其所涉及的施工因素极为广泛，且其项目还带有极强的系统性，所以其实际所开展的规划以及计划等施工流程都需要施工机制的支持保障。一个科学且严苛的管理机制会赋予其建筑工程项目专业化的特性，但是目前我国所开展的各类建筑工程项目中，所选用的施工现场管理队伍缺乏一定的公开透明性，其所构建的施工管理不够规范，这就使得其施工现场问题的反馈速度极慢，无法及时有效的处理好各类施工问题，同时还会制约其处理各类事件的进度，这是产生意外施工事故最为主要的因素。

（三）现场安全事故

近些年来，我国施工意外事故发生频率越来越高，这些事件的发生会和社会同情心底线相触碰，这就使得社会对施工安全管理的呼声极为激烈，其相关的管理部门必须要积极主动地编制出安全管理规范机制，不断的提升其法律机制的执行力度。但是，在其作用下，我国建筑施工项目中所产生的施工事故仍旧比较多，产生出该现象的主要原因就是在于管理人员以及施工人员自身的安全意识较为薄弱，对各类安全隐患的敏感性低下，时常会存在着侥幸的心理，不会严谨的对待自己的工作。另外，其和管理方也没有编制出较为完善的安全配置机制，所制定的安全培训要求也不够严格。

二、建筑工程招标采购管理的优化措施

（一）构建较为完整的科学行业法律体系

通过构建一套较为完整且科学性极强的法律机制来维持该行业的健康稳定发展状态。在建筑工程招标的行业中，想要提升其招标采购环节的工作质量以及效率，就必须要不断地完善相关的法律规章机制，在必要的情况下，还应当提升对各类违规行为的惩罚力度，严苛的设定惩处的规章制度，避免其产生违法问题。随着我国建筑行业的发展，建筑行业已经逐渐成了我国社会经济的主导行业，我国开始注重该行业的发展需求，更是颁发了和招标行为相关的规章法律，通过招标投标法的设定极大程度的规范了建筑工程的招标工作。我国建筑行业的发展环境始终处以一个变化的状态下，如果仍旧使用原本的招标投标法进行招标行业的管理，是无法满足该行业的发展需求的，同时其对于该行业运行所起到的规范作用也会不断地降低，应当对其法律规章制度进行实时的改进，落实后续的法律机制，加大对其项工作的重视程度。管理部门以及相关工作的执行人员需要在管理工作中找出违法违规的行为，同时对其进行较为严苛的查处，构建该行业的诚信档案，实时的记录下违法违规的企业和个人，并对这些竞标单位进行诚信等级的划分。

（二）严格的竞标资格审查

企业应当不断地加大对投标人资格的审查力度，综合性的考察投标人企业的资质以及

业绩等，正确的推断出该企业的履约能力。通过竞标资格审查工作的开展来避免投标人产生关联投标等的问题，这会影响到项目建设的质量。审核投标人的可信度，并对招标的资格以及财产的冻结状况进行分析。检查原始的证书，避免投标人伪造文件等行为，同时还应当对各类机械设备以及施工材料进行实物性的检查，防止其有重大缺陷以及重大质量等事故。

（三）发挥标底的作用

标底是建筑工程招标采购工作的重要参数信息，其会影响到工程的竞标价格以及质量。另外其标底还会受到工程项目性质的影响，其在招标工作中所起到的效用也会有所差异。因此，在设定标底时，相关的工作人员必须要以绝对严谨认真的工作态度进行，对其所制定出的标底进行严苛的保密，避免其在实际的招标工作中产生各类不公平的问题。

（四）选择供应商

招标采购成本的控制管理工作需要以供货厂商的选择为基准。首先，要对该建筑工程项目所能使用到的原材料以及机械设备种类以及规格进行分析，确定出相关设备以及材料的多个供货厂商，不可以直接加工材料以及设备的供货渠道约束在某一个生产厂商。这种处理方式可以有效地减小建设项目在施工材料货源管理工作上的风险数值，采用良性竞争的形式来选择多个供货厂商。在保证原材料质量的基础上，有效降低购买价格，从而实现对原材料、设施设备的采购成本控制管理。在选择供货厂商的过程中，需要认真考察其原材料品质性能、生产水平与技术实力、原材料设施设备的各项合格资质、生产制造过程中的科学技术应用与制造加工实力。对供货厂商考察的考察过程中，还需要对其他相同、相似原材料、设施设备的供应厂商供货方式等内容进行分析和总结。

综上所述，建筑工程招标工作作为我国建筑行业运行中的一个重要环节，其管理质量和工作效率对整个建筑工程管理来说具有十分重要的意义，是确保建筑行业发展的重要因素，同时也是建筑行业工程水平提高的基础。因此，对建筑工程招标工作进行规范、加强对建筑工程招标工作的管理至关重要。在对工程招标工作进行管理时相关政府管理部门的监督和指导非常关键，在此基础上还需要执行管理工作的相关工作人员严格招标管理的制度规范，对违规问题进行严厉处置，以促进招标规范性的增强，从而净化建筑行业发展的环境，为建筑行业的持续发展和国家经济发展水平提高奠定基础。

第四节　建筑工程项目招标风险管理

建筑工程项目招标竞争的激烈程度随着我国建筑行业的飞速发展变得越来越激烈，建筑工程项目招标工作对整个建筑项目的实施起着至关重要的作用。为了做好建筑工程项目招标工作，首先就需要对建筑工程项目招标的风险管理工作做深入研究。本节从建筑工程项目招标的定义、为什么要开展建筑工程项目招标工作、建筑工程项目招标的基本特征、建筑工程项目招标风险管理工作中存在问题的分析及其应对策略，和应对策略取得的成效等几个方面作了具体的阐述。

项目招标包括项目的勘察、设计、施工和公共设施。建设项目一般跨度大，数量多，工期长，一项复杂的工程活动。建筑工程招投标是建筑工程的重要组成部分。投标活动涉及面积大、工期短、质量要求高。这就对投标活动提出了更高的要求。

一、简述建筑工程项目招标的定义

所谓建筑工程项目招标就是指，利用市场经济的竞争体制和技术经济的评定办法开展的一种有组织的、较为成熟和规范的交易手段。在建筑工程项目招标之前，招标人按照规范公布招标条件，事后邀请相应的投标人参与竞标活动，并按照提前制定的招标条件在相应投标人中选择更优秀、合适的投标人。因此，建筑工程项目招标是一种为了使投资的效益最大化的一种经济交易。

二、建筑工程项目招标的基本特征

（一）规范性和法律性

在建筑工程项目招标工作中，最主要的特征就是规范性和法律性，招标人以及相关员工应当在遵守法律法规的前提下，按照相关工作规范，做好项目招标工作。为了保证建筑工程项目招标工作的顺利开展，在项目招标的每个环节中都应当制定规范的工作流程和标准。对于已经规范化的招标流程，不能随意更改，以免影响项目招标工作的顺利开展。

（二）公开性和正当性

建筑工程项目招标工作的第二个特征就是公开性和正当性，由于建筑工程项目招标工作的每个环节都涉及投资利益，所以为了避免不良影响，建筑工程项目招标工作应当具备一定的公开性和正当性。在建筑工程项目招标工作中，相关工作人员要及时公布招标对象、招标程序以及招标结果，确保投标人能够熟悉招标流程、获得招标结果。保障人员的知情权。在建筑工程项目招标工作中，应当公平对待每位投标人，保证每位投标人都能得到相同的建筑工程项目招标信息。同时建筑工程项目招标工作应当自觉接受有关监督部门的审查，避免不良交易的产生。

（三）不重复性

所谓不重复性就是指，在建筑工程项目招标工作中产生的交易行为不能重复产生，即一次性报价、一次性递交相关投标文件且不可更改其内容，也不允许撤销相关文件。

（四）择优选择性

作为建筑工程项目招标的第四个特征—择优选择性，主要体现在最后的选择环节上。此阶段，要求相关工作者要根据实际情况，在确保选择环节的公开透明的基础之上，选择出最好的投标项目。此阶段所选择出的投标项目应当能够保证投资的最终收益。

三、建设工程招标风险管理的改进措施

（一）建立规范的操作流程

鉴于项目招标中存在的诸多问题，建立健全科学的运作流程，可以在相当程度上避免项目招标过程中出现不良问题，加强项目招标工作的严肃性，建立良好的投标机制。要科学合理地梳理近年来项目招标的巨大成果，总结科学的工作流程。同时，要加强项目招标管理，加强与各部门之间的工作交流与协调。在项目招标过程中，严格遵循公开、公平、公正的招标承包方式，坚决杜绝暗箱操作，当招标项目的初步数据准备不充分时，必须严格拒绝。如果没有足够和完整的初步招标信息，将拒绝进入招标程序。

（二）建立健全制度

由于招标项目体系建设存在缺陷，现实中值得关注的是项目完全被招标现象所规避。因此，要加强制度建设作为支撑，坚持系统招标，源头治理。学校决策层的关注和支持是做好招标的前提。应建立健全的招标制度，制定招标实施细则，建立一套完整的招标程序和配套监督机制，使招标工作更加阳光有效。

（三）提升招标文件的编制水平

目前，项目招标文件的总体能力不足。精细准确的招标文件可为后期招标工作的评标提供方向指导和准确依据。招标单位应当在招标文件中注明招标单位编制的投标书应当划分为业务标准和技术标准。技术标准包括项目经理，近年来的项目绩效，财务状况，投标人资格以及从事类似项目的施工队伍的表现，投资的安全系统，质量保证体系，机械设备等。在项目中，有限的投标被添加到评分标准中。如果人们使用不稳定报价策略的相关条件，如果报价和正常价格水平不同，则应减少其他报价单，作为不合格报价处理，甚至判断为报废。针对不稳定报价的制裁可以在一定程度上阻止投标人使用不平衡报价。因此，招标文件的水平应不断提高。

（四）提高评标专家的能力

评价专家在选择优化施工单位，加强评价能力评价方面发挥了决定性作用，具有重要意义。在评估过程中，可以考虑制定评估专家的联合声明，并实施评估结果的基于测试的管理。每次评标后，独立评标监督部门应重新审核整体评审工作，对评标的真实水平进行最客观的评价，反复检查后，将选择最佳施工单位和符合标准的中标者。

（五）加大科技创新力度提升企业竞争力

在建筑企业发展过程中，需重视科技创新增强核心竞争力，结合技术进步开展管理工作，在提升建筑施工质量与企业经济效益的情况下，保证企业核心竞争力。在招投标环节中，应编制完善的计划方案，结合企业规模与管理情况创建新的发展平台，在一定程度上可以促进各方面工作的合理实施。在科技创新的过程中，还需树立正确的风险管理观念，在科学防范风险的基础上，进行施工成本、周期与质量的相互协调，明确其中的重点内容，保证在严格控制劳动效率的情况下，增强企业的核心竞争力。

在解决技术和日常管理工作中，规范化是处理日常问题非常有用的办法，它能够主要影响到企业的发展水平，从而使成本和竞争力受到影响。因此，在企业的成长中落实标准化将至关重要。

第五节　建筑工程招标控制价的管理

本节通过分析建设工程招标控制价的形成机制，总结了建筑工程招标控制价的管理重点，指出招标控制价管理存在的问题并提出了对策。

一、建筑工程招标控制价的形成机制

建筑招标控制价是基于社会主义市场经济原理的产物，其管理同样要受到市场价值理论、货币理论和商品供求关系的支配。故而在建筑工程招标控制价的管理中就要用到工程技术、经济学、会计学、统计学、决策分析理论、概率论等理论知识，采用平均先进水平的工艺技术、科学合理的计算方法和有效的计价依据，合理确定工程价格，从而为建筑工程招投标的顺利实施夯实基础。

建筑工程招标控制价在工程量清单计价的基础上以"四个统一"为基础，依据相关工程定额编制工程量清单，准确使用各类费用定额和市场信息价，实行量价分离，改变计价定额的属性，以最大限度地接近实际价格为目标。定额不再作为政府的法定行为，但是量要统一规制，由政府有关机构在社会平均生产力的基础上制定了工程量计算规则和各类消耗、费用等定额，既协调解决了平衡发展的问题，又促进了建筑市场的公平有序竞争。价要市场化，循序渐进从定额法定价、政府指导价、市场价逐渐过渡，同时要考虑与国际接轨等问题。

二、招标控制价的管理重点

（一）招标控制价的共性管理重点

招标控制价不同于标底，无须保密。目前国内大部分省份的做法是采用不设标底而设招标控制价的模式。招标控制价不能超过批准的概算，是招标人的预期工程造价，也是投标的最高限价。招标人在发布招标文件时，不能只公布招标控制键的总价，而应一并公布招标控制价的各组成部分。招标控制价的具体内容作为招标文件的重要组成部分，一经确定不得随意变动。

在编制招标控制价时均应注意几点：（1）使用的计价标准、规范要准确，应采用国家或地方颁布的现行定额和规定。（2）材料价格应采用有效的工程造价信息。工程造价信息未包含的材料价格信息，应通过市场调查、询价等方式确定。（3）工程造价计价中定额或费用标准有规定的，按规定执行，不得随意改变标准或是另立标准。

（二）招标控制价的分项管理重点

（1）分部分项工程费应根据设计文件、分部分项工程量清单项目的特征描述及有关要求编制。各分项工程的综合单价中应包含招标文件中要求投标人承担的风险费用。招标文件如提供了材料暂估价，则材料单价按按暂估价计入综合单价。

（2）措施项目费应按招标文件中列出的措施项目计算相应费用。采用"分部分项工程"形式的措施项目，应计算其工程量和综合单价，按清单计价的模式计算费用。以"项"为单位的措施项目应综合所包含的全部费用，计算该项措施项目的总价。措施项目费用中的安全文明施工费等项目费用应严格按照规定的标准计价，不得变动。

（3）其他项目费按下列规定计算：①暂列金额应根据工程特点、复杂程度、设计深度、工程条件等结合工程需要予以暂列，并入工程控制价；②暂估价包括材料暂估价和专业工程暂估价。其中材料单价可按工程造价信息或参考市场价格确定，专业工程按不同的专业工程分别估算；③计日工包括人工、材料和施工机械等内容。在编制招标控制价时，人工单价和施工机械台班单价应采用有效的费用定额和工程造价信息；材料单价则应采用工程造价信息或者市场询价等方式确定；④总承包服务费。招标人根据工程需要可在招标文件中提出总承包服务的要求。总承包服务管理的模式主要有三种，一对分包的专业工程进行总承包协调的管理，二对分包的专业工程进行总承包协调管理并同时提供配合服务，三对"甲供材料"的管理。要根据总承包服务的方式和内容，结合价格信息、定额来确定总承包服务费。

三、招标控制价管理存在的问题及对策

（一）存在的问题

1. 定额水平滞后的问题

不论是传统的定额计价模式还是工程量清单计价模式，所采用的消耗量定额（计价定额）均应要反映某个地区某个时期的社会平均水平。随着社会生产力的发展，社会劳动生产率不断提高，定额所依据的社会劳动、价格费用等水平落后于实际水平的问题就会逐渐显露出来。存在的问题是定额的人工、材料、机械的消耗量往往会高于实际消耗量，随着时间推移，两者的差异还会更明显。当差异积累到一定程度，就迫切需要修订相关定额和规范性文件。

2. 信息价的实用性问题

招标控制价中的人工、材料、机械的价格一般采用工程造价管理机构等权威机构发布的信息价。众所周知，由于时间上的滞后往往会出现信息价偏离市场价的问题。信息价不能够完全反映出人工、材料、机械价格的真实水平，会直接影响招标控制价的权威性、准确性、实用性。

（二）解决问题的对策

1. 熟悉工程情况

工程现场情况主要包括施工现场的水文、地质、气候环境资料等。在充分熟悉现场情况的基础上编制科学、合理、可行的施工组织设计、施工方案等技术措施，并在此基础上准确计算分部分项工程费、措施项目费等费用项目，这些都是完成招标控制价成果的基础性工作，其重要性不言而喻。

2. 准确选用定额、及时完善定额，从而提高招标控制价的管理水平

在应用定额时，应充分重视定额说明和项目内容的描述，可以更好地帮助选择和使用定额。在工程实际中，应与设计人员保持充分的沟通，熟悉工程项目情况，为编制良好的招标控制价成果做出努力。遇到"四新"，定额和规范未涉及的内容，应采取谨慎的态度，通过研究、实验、查阅资料等方式科学合理确定相关内容。

3. 合理确定单价

单价的合理性对招标控制价成果影响很大。当工程造价的各类信息价与市场价的存在差异，且超过规定范围时，应当做好人工、材料、机械使用的价格调研工作，及时补充完善各类价格信息，以便科学采用。因为材料费在招标控制价中所占的比重较大，所以足够重视材料单价的采用。

我们要逐步解决招标控制价管理中出现的各类问题，方能使招标控制价更具有科学性、实用性和可操作性。通过有效管理招标控制价，进一步发挥市场竞争机制的优势，选择出技术能力强、信誉可靠的承包商，可以更好助力工程预期造价管理目标的实现。

第七章　建筑工程项目造价管理

第一节　建筑工程造价管理现状

　　城市人口的迅速增长，使城市地区对大型建筑的需求也随之变大，各地的大型建筑工程项目数不胜数。随着建筑工程变得更庞大，影响建筑工程造价的因素也变得越来越多，工程造价的管理难度变得越来越大，如何管理好建筑工程的造价，对于承包工程的一方极为重要，关系到承包方的收益。如今，越来越多的人意识到了工程造价管理工作的重要性，使这项工作成为建筑工程建设的必要工作。本研究将浅要探讨当下建筑工程造价管理的现状及展望。

一、建筑工程造价管理现状

（一）建筑工程造价管理考虑问题不周全

　　现在虽然有越来越多的建筑商意识到了工程造价管理的重要性，并且开始着手制定这方面工作的相关制度，但是由于之前他们对这方面的工作长期不给予重视，导致其中大部分人在这个方面缺乏经验。现在大多数建筑商制定的建筑工程造价管理制度并不完善，总是会出现最终结算时建筑成本与预期不一致的情况，这是由于制定制度时没有将问题考虑周全。完整的工程造价管理制度的制定应该将所有有关工程成本的各方面因素都考虑进来。最为首要的是预算好购买工程施工材料的成本、需要支付给施工人员的工资成本、使用施工机械产生的成本以及其他很多小方面的成本，其中容易出问题的部分是对其他小方面的成本预算方面。大型工程中消耗资金最集中的地方虽然主要是材料成本、人工成本和机械成本，但是其他方面的成本综合起来也会消耗很大一部分资金，这些资金一般都是零零散散的用掉的，每一个数额相对来说很小，所以不太能引起建筑商的注意，比如运输成本、工人生活成本等。很多时候建筑商在预算工程的造价时，不会精细地计算这些小方面的支出，而是凭感觉给出一个大概的估计值，导致误差一般都很大，在最终比较数据就会发现有很大的出入。这个问题就是实施工程造价管理工作时考虑问题不够全面造成的。

（二）建筑工程造价管理没有随着市场的变化而灵活变化

　　由于现在很多的建筑工程越做越大，所以整个工程的施工周期也变得越来越长，从开工到竣工用的时间一般都会达到一两年甚至更久。而在当今社会市场经济的背景下，很多时候同一种商品的价格会随着时间的变化而发生较大的变化，并不会一直保持不变。并且，人力成本也会随着市场的变化而变化。这些变化对于工程的造价具有非常大的影响，如果不把市场变化因素考虑进来，而是只以当时的市场情况制定工程造价管理方案，势必会出现问题。然而，很多建筑商中掌管制定工程造价管理方案的相关部门并没有很好的市场经济思想，在对建筑工程造价进行预算时，只以当时的市场情况为准，就片面地进行预算，不把市场变化的因素考虑进去，导致得出的数据存在十分大的偏差。对建筑工程造价的管理是为了对整个工程的成本能有一个较为清晰的了解，如果工程造价的预算误差太大，就达不到本来应该有的效果，使建筑商承受不该承受的损失。而保证数据的尽量准确，离不开对市场变化的考虑，建筑工程造价管理没有随市场的变化而灵活变化，是很多建筑商在进行造价管理时出现的问题。

（三）建筑工程造价管理中监管工作不到位

建筑工程的造价对于建筑商从一个建筑工程中获得的利润的高低有很大影响。因为如果建筑工程的造价增大，意味着建筑商需要投入更多资金，就会减少最终的获利。而如果能够缩减建筑工程的造价，就意味着建筑商需要投入的成本变少，相对而言，就能获得更高的利润。因此，有的建筑商为了获得更高的利润，会在建筑工程造价方面下手，通过减小工程造价来获得更加可观的利润。如果在保证工程质量的前提下，通过精细化的管理缩减工程的造价，是合情合理的。但是有的建筑商被利欲熏心，他们会通过材料上偷工减料、施工上压缩施工周期等不合理的方式来减少成本，不顾及偷工减料对建筑质量的影响，这就导致很多"垃圾工程"的出现。这种现象一方面是少数建筑商太贪婪导致的，但更首要是另一方面的原因，即建筑工程造价管理过程中缺乏有关部门的监督。

二、改善建筑工程造假管理现状的几点对策

（一）培养全方位综合考虑的意识

要想做到全面考虑建筑工程造价中的所有因素，就要有细心与耐心兼具的素质，这两种素质需要慢慢培养。一方面，相关部门可以通过借鉴国内外相关工作的经验提升这方面的素质。另一方面，要学会总结自己工作中的不足，在每次建筑工程结束后，都需要总结出现的问题，并且找出问题的原因，这样在接下来的工作中就能有效避免类似问题的发生，使自己经验越来越丰富，工作也就做得越来越全面。培养全方位综合考虑的意识，需要不断总结相关经验，并且不断学习，不能够太过急功近利。通过这种做法，能有效防止在进行建筑工程造价管理时出现不全面考虑的问题。

（二）培养市场经济的意识

对于建筑工程造价管理方案与市场变化不相符，造成建筑工程造价管理没有达到目的的问题，最好的解决办法就是让相关部门接受培训。可以让它们学习有关市场经济变化规律的知识，让他们明白市场的变化对于建筑工程造价的影响是不可忽略的。这样有助于相关部门形成市场意识，这样他们就会在制定工程造价管理制度的过程中时时刻刻考虑市场的变化，并且对方案进行灵活的调整。考虑市场因素的建筑工程造价管理方案能让工程造

价的预算更加准确可信，与最终实际的工程造价偏差会更小，参考意义也更大。这样才能起到建筑工程造价管理工作应有的作用，不会导致工作白费。

（三）监督部门增强监管力度

监管部门的监管力度不够，是建筑工程造价管理工作的一大不足。现在频繁出现的建筑质量问题就是监管部门监管不到位导致的。要想改变这种现状，就必须督促监管部门的工作，让他们增强监管力度，坚决严格按照要求对建筑商进行监督，防止非法缩减建筑工程成本的情况出现，不能让建筑工程的造价管理完全由建筑商说了算。这样，就可以有效保证建筑工程造价的合理性，减少问题建筑的出现。

三、建筑工程造价管理的展望

随着电子信息技术的飞速发展，电子信息技术已经渗透到人们日常生活和生产的各个方面。现在，几乎所有工作都能够通过应用电子信息技术而变得更加简。建筑工程造价的管理工作是一种数据处理量非常大的工作，且较为繁杂。而借助电子信息技术强大的数据处理功能，能很大程度上使建筑工程造价工作变得更加简单。所以，未来建筑工程造价的管理工作，将会由于电子信息技术的应用而变得不再那么繁杂。并且，通过电子模拟的技术，可得出建筑工程的模型，这样可以让建筑工程造价的管理工作变得形象具体，更加精细，数据也更加准确。

建筑工程造价管理工作是整个建筑工程工作中十分重要的部分，其意义十分巨大，因为通过这项工作，就可以在成本上可以判断一个建筑工程是否具有可行性。所以，在决定一个建筑工程是不是要建设前，首要的工作是对建筑工程的造价进行预算，这项工作是为了对建筑的成本有一个较为准确的把握。本研究对建筑工程的相关讨论以及做的相关展望，对于改善建筑工程造价管理工作具有一定的参考作用。

第二节　工程预算与建筑工程造价管理

为了能够在现阶段竞争激烈的市场中永保竞争力，提高经济效益，就必须采取一定经济措施，重视工程预算在建筑工程造价中的控制重要作用。就此，本节简要围绕工程预算在建筑工程造价管理中的重要作用及其相关控制措施方面展开论述，以供相关从业人员进行一定参考。

随着建筑行业不断发展，建筑工程造价预算控制作为工程建设项目的重要环节之一，对提升建筑工程整体质量发挥重要的作用，因此，做好造价预算的编制工作，培养和提升相关预算人员的综合专业素质水平，确保有效控制建筑工程整体质量，最大限度降低建筑工程项目实际运作过程中的成本。

一、建筑工程造价管理过程中工程预算的重要作用分析

（一）确保工程建设资金项目要素的有效应用

现代建筑工程项目建设的预算，主要构成为财务预算要素、资产预算要素、业务预算要素及筹资预算要素方面。在现阶段我国建筑施工企业中，科学合理配置相关要素，确保建筑企业现有资金的高效利用，确保企业内部所有资金要素应用到建筑工程项目中，最大限度减少资金要素的浪费，实现建筑工程综合性经济效益的获得。

（二）有效规范建筑工程项目的运作

做好工程预算管理控制工作，确保建筑施工企业开展高效组织活动，对工程建设项目的开发计划、招标投标、合同签订等工作的运作提供良好的技术保障。因此，工程预算管理工作的开展质量直接关系着建筑工程项目的建设实施过程，影响企业综合效益方面。

为实现建筑工程预算的控制目标，建筑工程施工企业在实际工程项目运作过程中，必须优先做好工程项目整体预算管理方案的规划工作，确保工程项目运作全过程与工程预算管理方案的数据一致性，保证工程项目实现合理控制造价成本。因此说，做好工程预算控制工作，有助于建筑工程企业获得更好地综合效益，提升企业市场的综合竞争力。

（三）推进建筑企业的经营发展

建筑工程施工企业应严格遵照自身的实际情况，规划设定发展方向和目标，全面系统地认识和理解建筑工程项目设计、施工过程中遵循的指导标准，持续不断地学习先进施工技术，在组织开展建筑工程项目造价管理过程中，实现基于工作指导理念的改良创新，确保建筑工程施工企业经营发展水平。

（四）确保工程造价的科学性与合理性

工程预算工作的开展对确保建筑工程造价的科学性和合理性具有重要作用，其存在主要是为建筑工程资金运作情况建立完善的档案，对投资人意向、银行贷款、后续合同订立具有积极的推动作用，从而有利于工程造价的科学性与合理性。

（五）进一步提高工程成本控制的有效性

对建筑工程造价进行控制管理，以工程预算为基础，围绕图纸和组织设计情况分析施工成本，从而有效控制施工中各项费用。对施工单位而言，施工中关键在于将成本控制与施工效益进行结合，确保二者间不会发生冲突，在确保施工质量的基础上控制成本，实现施工企业经济利润的最大化。

（六）提高资金利用率

基于预算执行角度，把控施工阶段和竣工阶段的资金和资源利用。以施工阶段为例，造价控制的效果和效率关系着工程项目的整体造价，因此，要注重预算把控和造价控制。

在具体实践中通过构建完善的造价控制体系，实现施工阶段的资源统筹，采取工程变更控制策略，严格控制造价的变化范围。同时采取合同管理方法，从合同签订和实施全过程，加大对造价的控制，确保工程预算执行到位，减少资金挪用及浪费。

三、工程预算对建筑工程造价控制具体措施分析

（一）提高建筑工程造价控制的针对性

建筑工程造价控制工作贯穿于工程建设的全过程。在建筑工程建设过程中，善于运用工程预算提升与保障造价控制工作。利用工程预算的执行，提升工作的指向性，立足于建筑工程造价控制细节，更好地为预算目标的实现提供针对性的保障，确保建筑工程管理、施工、经济等各项工作的效率性和指向性。

此外，工程预算要利用建筑工程造价的控制平台建立有效性编制体系，将建筑工程造价控制目标作为前提，设置和优化工程预算体系和机制，确保建筑工程造价控制工作的顺利进行。

（二）提升建筑工程造价控制的精确性

精准的工程预算是进行建筑工程造价控制的基础，是建筑工程造价控制工作顺利开展的前提。因此，强化建筑工程造价控制的质量和水平，是现阶段建筑工程造价控制工作的有效路径。提高和优化工程预算计算方法的精准性和计算结果的精确性，避免工程预算编制和计算中出现疏漏的可能；针对施工、市场和环境制定调价体系和调整系数，在确保工程预算完整性和可行性的同时，确保建筑工程造价控制工作的重要价值。

（三）健全工程造价控制体系

建筑企业利用工程预算工作对工程造价进行全过程控制，通过建筑预算管理，落实建筑工程造价控制细节，通过工程预算的执行，建立监控建筑工程造价控制工作执行体系，在体现工程预算工作独立性和可行性的同时，促使建筑工程造价控制工作构想的规范化和系统化。

（四）提高工程造价管理人员的专业素质

项目成本控制管理具有高度的专业性、知识性和适用性，也要求相关的项目成本管理人员具有高水平的专业素养，确保所有的项目成本管理人员熟练掌握自身的专业能力，在熟悉自身能力知识的基础上，对施工预算、公司规章制度等相关知识进行进一步学习，不断完善自己，保持工程造价控制的高效性，减少投入成本，提高施工阶段的质量，使工程造价具有科学性。

简而言之，建筑工程预算管理工作是企业财务管理工作的前提，提高预算工作的科学性，有利于推动建筑工程顺利完成。因此，要重视工程造价控制，应用先进的信息技术实现工程预算管理工作，推进建筑工程企业的稳定有序发展。

第三节　建筑工程造价管理与控制效果

　　介绍了建筑工程造价的主要影响要素，分析了当前建筑工程项目造价管理控制中存在的问题，并阐述了提升工程项目造价管理控制效果的关键性措施，从而为企业创造更多的经济效益。

　　进入 21 世纪以来，我国的社会主义市场经济持续繁荣，城市化进程明显加快，在城市化发展过程中，建筑工程数量明显增多。如何提升建筑工程质量，在市场竞争中占据有利地位，成为各个建筑企业关注的重点问题。工程造价管理控制是企业管理的重要组成部分，也是企业发展立足的根本。为了实现建筑企业的可持续发展，必须分析工程造价的影响因素，发挥工程造价管理控制的实效性。

一、建筑工程造价的主要影响要素

（一）决策过程

　　国家在开展社会建设的过程中，需要开展工程审批工作，对工程建设的可行性、必要性进行分析，并综合考虑社会、人文等各个因素。在对工程项目的投资成本进行预估时，必须分析相关国家政策，把握当下建筑市场的发展规律，尽可能使工程项目符合市场需求。在对项目工程进行审阅时，需要选择可信度较高的承包商，确保项目工程的质量，避免"豆腐渣工程"的出现。

（二）设计过程

　　建筑工程设计直接关系着建筑工程的质量，且建筑工程设计会对工程造价产生直接性的影响。在对工程造价费用进行分析时，需要考虑人力资源成本、机械设备成本、建筑材料成本等。部分设计人员专业能力较强，设计水平较高，建筑工程设计方案科学合理，节省了较多的人力资源和物力资源；部分设计人员专业能力较差，综合素质较低，建筑工程设计方案漏洞百出，会增多建筑工程的投入成本，加大造价控制管理的难度。

（三）施工过程

　　建筑施工对工程造价影响重大，施工过程中的造价管理控制最为关键。建筑施工是开展工程建设的直接过程，只有降低建筑施工的成本，提高施工管理的质量，才能将造价控制管理落到实处。具体而言，需要注重以下几个要素的影响：

　　施工管理的影响。施工管理越高效，项目工程投入成本的使用效率越高。

　　设备利用的影响。设备利用效率越高，项目工程花费的成本越少。

　　材料的影响。材料物美价廉，项目工程造价管理控制可以发挥实效。

（四）结算过程

工程施工基本完毕后，仍然需要进行造价管理，对工程造价进行科学控制。工程结算同样是造价控制管理的重要组成部分，很多造价师忽视了结算过程，导致成本浪费问题出现，使企业出现了资金缺口。在这一过程中，造价师的个人素质、对工程建设阶段金额的计算精度，如建筑工程费、安装工程费等，都会影响工程造价管理的质量。

二、当前建筑工程项目造价管理控制存在的问题

（一）造价管理模式单一

在建筑工程造价管理的过程中，需要提高管理精度，不断调整造价管理模式。社会主义市场经济处在实时变化之中，在开展工程造价管理时，需要分析社会主义市场经济的发展变化，紧跟市场经济的形势，并对管理模式进行创新。就目前来看，我国很多企业在开展造价管理时仍然采用静态管理模式，对静态建筑工程进行造价分析，导致造价管理控制实效较差。一些造价管理者将着眼点放在工程建设后期，忽视了设计过程和施工过程中的造价管理，也对造价管理质量产生不利影响。

（二）管理人员素质较低

管理人员对项目工程的造价管理工作直接控制，其个人素质会对造价管理工作产生直接影响。在具体的工程造价管理时，管理人员面临较多问题，必须灵活使用管理方法，使自己的知识结构与时俱进。我国建筑工程造价管理人员的个人能力参差不齐，一些管理人员具备专业的造价管理能力，获得了相关证书，并拥有丰富的管理经验；一些管理人员不仅没有取得相关证书，而且缺乏实际管理经验。由于管理人员个人能力偏低，工程造价管理控制水平很难获得有效提升。

（三）建筑施工管理不足

对项目工程造价进行分析，可以发现建筑施工过程中的造价控制管理最为关键，因此管理人员需要将着眼点放在建筑施工中。一方面，管理人员需要对建筑图纸进行分析，要求施工人员按照建筑图纸开展各项工作。另一方面，管理人员需要发挥现代施工技术的应用价值，优化施工组织。很多管理人员没有对建筑施工过程进行预算控制，形成系统的项目管理方案，导致人力资源、物力资源分配不足，成本浪费问题严重。

（四）材料市场发展变化

我国市场经济处在不断变化之中，建筑材料的价格也呈现出较大的变化性。建筑材料价格变化与市场经济变化同步，造价管理控制人员需要避免材料价格上升对工程造价产生波动性影响。部分管理人员没有将取消的造价项目及时上报，使工程造价迅速提升。建筑材料价格在工程造价中占据重要地位，因此要对建筑材料进行科学预算。部分企业仅仅按照材料质量档次等进行简单分类，当材料更换场地后，价格发生变化，会使工程造价产生变化。

三、提升工程项目造价管理控制效果的关键性举措

（一）决策过程

在决策过程中，即应该开展造价控制管理工作，获取与工程项目造价相关的各类信息，并对关键数据进行采集，保证数据的精确性和科学性。企业需要对建筑市场进行分析，了解工程造价的影响因素，如设备因素、物料因素等等，同时制定相应的造价管理控制方案，并结合建筑工程的施工方案、施工技术，对造价管理控制方案进行优化调整。企业需要对财务工作进行有效评价，对造价控制管理的经济评价报告进行考察，发挥其重要功能。

（二）设计过程

在设计阶段，应该对项目工程方案设计流程进行动态监测，分析项目工程实施的重要意义，并对工程造价进行具体管控。企业应该对设计方案的可行性进行分析，对设计方案的经济性进行评价。如果存在失误之处，需要对方案进行检修改进。同时，要对项目工程的投资额进行计算，实现经济控制目标。

（三）施工过程

施工过程是开展项目工程造价管理控制的重中之重，因此要制定科学的造价控制管理方案，确定造价控制管理的具体办法。企业需要对工程设计方案进行分析，确保建筑施工实际与设计方案相符合。在施工过程中，企业要对人力资源、物力资源的使用进行预算，并追踪人力资源和物力资源的流向。同时，企业应该不断优化施工技术，尽可能提高施工效率，实现各方利益的最大化。

（四）结算过程

在工程项目结算阶段，企业应该按照招标文件精神开展审计工作，对建设工程预算外的费用进行严格控制，对违约费用进行缩减。一方面，企业需要对相关的竣工结算资料进行检查，如招标文件、投标文件、施工合同、竣工图纸等。另一方面，企业要查看建设工程是否验收合格，是否满足了工期要求等，并对工程量进行审核。

我国的经济社会不断发展，建筑项目工程不断增多。为了创造更多的经济效益，提升核心竞争力，企业必须优化工程造价管理和控制。

第四节　节能建筑与工程造价的管理

当前社会经济快速发展的同时，也给生态环境带去了严重的影响，在这种情况下国家强调要节能减排。建筑行业在快速的发展中，建筑就具有高能耗，所以，建筑行业进行变革是一种必然趋势，节能建筑的出现和发展受到了社会各界的关注，其对于居民居住环境的优化具有积极影响，所以，这就要加强对节能技术进行推广。但是节能建筑的造价通常

也比较高，所以，要促进节能建筑的推广，提升项目效益，就需要加强造价管控，减少建设的成本，本节就分析了节能建筑与工程造价的管理控制。

建筑具有高能耗的特点，当前国内城市建筑在设计中约有超过 90% 的建筑未进行节能设计，很多建筑依然还是高能耗，就住宅来说，建筑中空调供暖能耗就占据国内用电总能耗的 25%～30%，南方夏季和冬季是使用空调的高峰期，在南方的用电量高达全年的 50%。环境污染让大气层受到了严重的破坏，近些年来国内各地夏季高温季节时间长，在空调的用电量上也是在不断地增加，南方冬季一些恶劣天气日益增加，长期如此，高能耗建筑会让国内能源受到很大的挑战。按照统计国内每年的节能建筑要是能够增长 1%，就可以节约数以万计的用电量，可以有效地节省能源，所以，为了更好地推广节能建筑，就需要思考怎样有效地控制造价。

一、节能建筑与工程造价之间的关系

（一）节能建筑对于行业的主要影响

当前能源紧缺问题越来越严重，所以，怎样建立节能建筑，优化城市生态环境，就是建筑工程发展的一个重要方向。建筑行业需要将科学发展观以及建立节约型社会发展的理念进行融合，加强对节能建筑的开发，促进建筑物功能的发展。要提高建筑的使用效率以及质量，就需要采取多样化有效的措施科学的控制建筑材料，制定出最科学的施工方案，在节能环保的前提下，减少工程建设的成本。

（二）工程造价对于节能建筑的有效作用

节能建筑在施工中，工程造价就已经进行了严格的控制，要是施工方不能够全面正确的认识节能，选择材料存在不合理的情况，那么就会影响到建筑的节能性，并不能称作真正意义上的节能建筑，这样的建筑后期在各项资源方面的浪费问题也会很严重。工程造价在控制成本的基础上，还需要重视节能减排的理念，让建筑成本以及节能环保能够实现平衡。

（三）节能建筑和工程造价管理思想的变化

要想让节能建筑理念可以得到更好地推广和应用，造价工程师就需要对以往的造价管理思想进行改变，让工程造价不再限定在对建筑物成本进行控制，还需要全面的研究工程投入使用之后的成本，这样才可以让建筑物真正地做到节能，让建筑工程造价管理可以充分发挥出应有的作用，全面的监督管理建筑工程。

二、节能建筑与工程造价的管理控制

（一）以建筑造价管理为切入点分析建筑物节能

要促进建筑企业现代化发展，就需要注重建筑资源的选择，包含建筑使用时需要供应的各项资源。现代式建筑要求热供应、水资源以及点供应所使用的管道线路等要在墙体内部进行布置，且要让建筑物可以正常地使用，还要考虑每个地区的人们在住房方面的不同要求，在北方就需要注重建筑物内部热能供应，而要是在南方，就需要注重热水器设计，在节能建筑方面一个关键内容就是怎样科学有效的设计建筑。

第一，对于节能问题需要综合的进行分析，包括建筑技术的应用、材料应用、先进工艺和建筑设备等。在设计造价方案的过程中，工作人员需要先全面的调查研究市场情况，了解行业内地发展动向，要能够熟练地的使用高新技术和设备，进而对建筑造价方案进行合理的规划。需要以经济核算为中心设计造价方案，不仅需要实现建筑的节能，还需要兼顾企业的经济效益。所以，要想节约建筑中要用到的各种能源，就需要深度的思考各方面，如，建材选择、周围环境等等，虽然运用新材料可以节能，但是也需要结合实际情况，不然只会增加施工的难度，会让建筑技术成本增加，需要增加投入，影响到项目的效益。所以，这就对有关工作人员提出了较高的要求，需要确保能够及时、可靠的提供信息，为建筑节能工作的开展提供依据。除此之外，还需要构建完善的建筑造价工作管理体系，给造价管控工作的开展提供依据和规范。

（二）材料选择需要注重造价控制

在节能建筑发展中可以看到很多的亮点，比如，建筑材料的应用，在选择材料设计方面使用了稳定室内温度的同时也可以对气候进行调节的材质，这在过去是很难看到的，由于其成本较高，以及太阳能热水器的普及，多管道应用、排水技术合理化等，这些都让我们可以看到节能建筑理念的体现，在业内展会中也可以看到绿色科技的发展，比如，绿色墙面，就是由生态植物构建成的，这也被很多的建筑设计进行采用，可以给人们的生活带去更多的舒适感受 [3]。再比如，铝合金模板，在组装上比较方面，无须机械协助，系统设计简单，施工人员的操作效率高，这有利于节省人工成本。铝膜版还具有应用范围广、稳定性好、承载力高、回收价值高、低碳减排等优点，可以减少造价。

（三）构建主动控制、动态管理的造价管理体系

在节能建筑的造价管控方面，需要将这一工作渗透到建筑建设的各个环节。施工单位在施工前需要先做好预算，要主动的评估各个环节的建筑成本以及使用成本，以此为基础，合理的对工程整体的造价进行管理控制。施工单位在施工中，除了要全面的监督管理工程造价之外，还需要加强自己对于节能环保的认知，选择节能环保的新材料，引入先进的国际管理理念，让企业管理能够实现更好的发展，构建主动控制、动态管理的造价管理体系，进而让节能建筑造价管理体系可以充分发挥出作用。

（四）加强节能建筑的设计，控制成本

节能建筑的设计十分重要，需要对设计方面进行优化，进而为建筑后面的节能和造价管控奠定良好的基础。比如，在设计建筑内部热工选材方面，就需要注重减少热量的大幅度流失，避免出现供热能源没有必要的损耗，为了实现这一目标，在设计方面就需要进行优化，如，选择屋顶的材料时，需要确保热量不会从屋顶有太多的流失；在选择墙壁材料时，要基于科学的门窗设计确保室内通风换气良好的基础上，选择合理的隔热材料，在墙壁的内外选择合理的保暖或隔热材料；选择门窗的材料时，和传统的单层玻璃相比，双层

真空玻璃的热量储备效果要更好。再比如，在设计内部采暖时，要确保建筑物适宜居住，就需要在设计的过程中注重考虑建筑物的朝向和地点，还有自然地理环境对建筑物采暖的影响等，进而合理的设计让建筑物内可以有效地导热和散热，对室内热量储备进行自主调节，减少对空调等的使用，节省能耗，也可以减少成本。

（五）加强施工阶段的造价管控

施工阶段是工程建设中非常重要的一个环节，也是成本最高的一个环节，所以，这就更加需要注重对造价进行管理控制。在施工环节，就是在施工中实际检验企业的造价方案，要是有问题，就需要第一时间解决，并且要进行反思，吸取经验教训，对自己的体制进行健全。企业需要主动响应国家的号召，依据国家基本政策要求，推行节能环保理念，引进新的工艺，节省能源，保护好环境。在施工中设计人员需要强化自身专业节能的探究，不断提升自己的素质，加强节能环保的意识，且要坚持学习先进的管理理念，要结合实际环境情况制定相适应的施工方案。

综上所述，节能建筑是当前建筑行业发展的一个重要趋势，其符合经济效益以及可持续发展的要求，能够对居住环境进行优化，促进人们生活质量的提升，有效地利用资源。所以，为了促进节能建筑的发展，让建筑物实现真正意义上的节能，就需要在落实环保节能理念的同时，注重对造价进行管理控制，采取有效的措施，提升造价管控效果。

第五节　建筑工程造价管理系统的设计

一项建筑工程项目的管理工作具有十分重要的地位，而工程造价全过程动态控制工作是管理工作的重要内容，其可以影响整个建筑工程质量的高低以及进度的快慢。工程造价全过程动态控制工作又称作工程造价全程管理，其对于一个工程的整个过程都有着一定程度的影响，建筑工程的最初筹建但后期的结束以及建筑工程的质量检测，这一过程都离不开全过程工程造价管理工作，因为科学的落实造价全过程，可以确保整个建筑工程的最终利益。

随着我国经济水平的快速提升，我国的各个行业都在不断发展、发现新的管理体制，21世纪是网络化的时代，因而网络信息化管理体制成为我国众多领域的首选管理方法。该管理体制通过对大量数据的记录与分析，以达到有效的管理目的。而在建筑工程造价过程中，应用云计算系统对整个过程进行管理，已经成为建筑领域的主流。主要通过建立建筑工程造价系统，保证该系统能够全面适应造价管理机制，从而有利于造价监督管理的高效化和智能化，以此促进建筑行业的健康发展。本系统将计算机的特性高效利用，建立与建筑造价活动相关的资料信息系统，为建筑工程提供准确的工程造价服务。受我国经济的高速发展以及经济全球化的发展等因素的影响，导致我国建筑企业受到深远影响，大部分建筑企业开始加大对建筑工程造价全过程动态控制的重视程度，建筑工程在开展工作时相较于以前明显管理水平得到了提升，同时促进了建筑企业的进一步的发展。

一、管理信息系统概述

随着我国信息技术的不断发展，建筑工程的管理信息系统的定义也随之不断更新。目前，将管理信息系统分为两部分，分别是人和计算机（或智能终端）。管理信息又分为六个部分组成，分别是信息收集、信息传播、信息处理、信息储存、信息维持、信息应用。管理信息系统属于交叉学科，具有综合性的特点，该学科组成包括：计算机语言、数据库、管理学等。各种管理体制都离不开一项重要的资源，那就是信息，有质量的决策是决定管理工作优劣的重要条件，而决策是否正确取决于信息的质量，信息质量越高决策的准确率越高，因此，确保信息处理的有效性是关键的一部。

二、系统目标分析

每一个管理系统都有一个特定的功能目标，其目标具体指管理系统能够处理的业务以及完成后的业务质量。建筑工程造价系统可以通过图片、录像、文件、数据等方式来观察工程的进展情况，主要反映工程的质量、安全性以及工程成本。同时可以随时观察建筑工程完成程度、工程款的支出与收入情况、外来投资的使用情况等。建立有效完整的统计分析功能，以此方便建筑公司对基层建筑项目全方位的分析，进而通过比较分析工程的需要。另外，还能后通过工程造价管理平台计划，能够体现出计划与实际的差距，有利于后面工程的执行。配合构建合理的报表体系，该报表要确保符合国家相关部门的要求，同时符合建筑公司对业务管理的需求。建筑公司的各个部门均要严格按照要求制定报表，这样可以有效地减轻报表统计的工作量。

三、系统构架、功能结构设计

建筑工程造价管理系统的核心是数据库，任何一个工程处理逻辑均需要数据库做辅助，因此该管理系统中数据库有着不可替代的地位。其中，多个数据进行操作过程可以对应一个处理逻辑。为了稳定系统的性能，需要将系统的各项业务进行合理的分离处理，每一个业务活动都有与之相对应的模块，众多业务模块中，任何一个发生变化都会影响其他业务，系统设计时要将系统的扩展性考虑在内，这样能够减轻软件维护的工作量。系统的功能结构主要包括三个部分，分别是工程信息模块、工程模板模块、招标报价模块。首先，工程信息模块内容主要有项目信息、项目分项信息等。而资料中未提到的项目，应该根据实际情况做出相应的补充。工程模板模块的主要功能是，根据不同建筑工程的信息选择最适宜的造价估算模板。模板必须通过审核才能够被应用。最后，招标报价模块内容有，器材费、材料费、项目费用等。其主要功能有定期查询工程已使用材料的价格单、维护价格库、制定新建工程项目的报价单等。

综上所述，归根结底可以看出一项建筑工程的成功完成，永远离不开工程造价全过程动态控制分析管理工作的有效进行，其在保证最大经济效益的同时还能确保施工进度的完成速度。从建筑工程施工的最初计划指导到施工全过程的合理安排，都应严格根据已经落实制度进行施工，保证其科学性、安全性以及有效性，提高工作的效率，通过一系列的手段来达到高质量建筑工程的目的。

建筑工程施工活动需要有科学的管理体系作为支撑，在应用新型管理平台时，必须要兼顾多个管理项目，包括人员、资金以及其他物质资源等。管理者应当通过造价管理系统来全面地落实造价管理工作，不同工程的资金消耗情况不同，具体设定的工程造价也存有差异性，本节结合现代造价管理需求，探讨设计造价管理系统的方法。

计算机技术在工程管理环节中发挥的作用越来越多重要，在很多管理环节中，造价管理系统都可以发挥作用，科学的管理平台可以满足一些基础性的工程管理需求。针对当前的工程造价管理活动之中存在的问题，可以利用更多科学技术手段与数据资源来建设符合造价管理需求的综合化管控平台，管理者也要有意识地使用新的信息工具来辅助造价管控工作，本节提出设计新型造价管理系统的方法，并分析系统在工程结算等环节中的使用效果。

基于系统的需求的分析，建筑工程造价管理系统中，项目部、财务部、采购部、设计部、施工部等都是通过浏览器方式进行操作的即系统采用 B/S 模式。这部分在行政上既是相互独立的又是逻辑上的统一整体，都是为工程建设服务。用户管理子系统主要是用来管理参与建筑工程项目的所有人员信息，包括添加用户、修改用户信息、为不同的用户设置权限，当用户离开该工程项目后，删除用户。造价管理子系统主要是对工程建设中的资金进行管理，包括进度款审批、施工进度统计、工程资金计划管理、材料计划审批、预结算审核、造价分析等。工程信息管理子系统主要是对工程信息进行管理，包括工程项目的添加、修改、删除、项目划分，工程量统计等。

材料设备管理子系统主要是对工程所需要的材料和设备进行管理，包括采购计划的编写，招标管理、采购合同管理、材料的入库登记和出库登记。实体 ER 图是一种概念模型，是现实世界到机器世界的一个中间层，用于对信息世界的建模，是数据库设计者进行数据库设计的有力工具，也是数据库开发人员和用户之间进行交流的语言，因此概念模型一方面应该具有较强的表达能力，能够方便直接的表达并运用各种语义知识，另一方面它还应简单清晰并易于用户理解依据业务流程和功能模块进行分析，系统存在的主要实体有：用户实体、工程信息实体、分项工程实体、设备材料实体、定额实体、工程造价实体、工程合同实体等。

随着计算机技术及网络技术的迅猛发展，信息管理越来越方便、成熟，建筑工程信息管理也逐渐使用计算机代替纸质材料，并得到了推广和发展。本建筑工程造价管理系统采用当前流行的 B/S 模式进行开发，并结合了 Internet/Intranet 技术。系统的软件开发平台是成熟可行的。硬件方面，计算机处理速度越来越快，内存越来越高，可靠性越来越好，硬件平台也完全能满足此系统的要求。

建筑工程造价管理系统广泛应用于建筑工程造价管理当中，可以有效地控制造价成本，降低投资，为施工企业带来极大的利益收获。在控制施工进度和质量的前提下，确保工程造价得到合理有效的控制。从而实现施工企业的经济效益。本系统发经费成本较低，只需少量的经费就可以完成并实现，并且本系统实施后可以降低工程造价的人工成本，保证数据的正确性和及时更新，数据资源共享，提高工作效率，有助于工程造价实现网络化、信息化管理。建筑工程造价管理系统主要是对各种数据和价格进行管理，避免大量烦琐容易出错的数据处理工作，这样方便统计和计算，系统中更多的是增删查改的操作，对于使用者的技术要求比较低，只需要掌握文本的输入，数据的编辑即可，因此操作起来也是可行的。

四、工程造价管理系统分析

（一）建筑工程招投标环节

在进入到建筑工程的招投标阶段中之后，需要进行招标报价活动，利用造价管理系统来完成这一环节中的造价管控任务，招标人需要在设定招标文件之后，严谨检查招标文件，注意各个条款存在的细节问题，确认造价信息后需开启造价控制工作，为后续的造价控制工作提供依据，将工程相关的预算定额信息、各个阶段的工程量清单与施工图纸等核心信息都输入到造价管理平台中。

工程量清单的内容必须保持清晰明确，同时每一个工程活动的负责人都必须认真完成报价与计价的工作，具体的投标报价需要符合工程的实际建设状况，考虑到工程资金的正常使用需求的同时，还必须对市场环境下的工程价格进行考量，参考市场价格信息，工作人员还必须编制其他与工程造价相关的文件。

（二）建筑施工环节

施工环节是控制工程造价的重点环节，在前一个造价控制环节中，一些造价设定问题被解决，施工单位能够获取更加科学的造价控制工作方案，按照方案中具体的要求来展开控制工程成本的工作即可，但是实际施工环节中仍旧会产生一系列的造价控制问题，主要是受到了具体施工活动的影响，当施工环境的情况与工程方案设计产生冲突之后，工程的成本消耗会出现变动，工程造价也随之出现变化，因此这一建设阶段的造价控制工作必须要被充分重视。使用造价管理系统来核对实际的工程建设情况，是否符合预设的造价数值，一旦需要增加或者减少工程量，需要先向上级申请，确定通过审核之后，才可真正地对工程量进行调整，并且需要清晰记录造价变动情况，确定签证量信息，在后期验收环节中，还必须注意对项目名称进行反映，形成完整的综合单价信息之后，将其向造价管理平台中输送，出现信息不精准的情况之后，要联系相应的施工负责人，确定造价失控情况形成的原因，避免出现结算纠纷的问题，新型造价控制方法的优势体现在其具有的动态化特点，当实际的工程情况出现变化之后，可以在平台中随时修改数据。

（三）竣工结算环节

造价管理平台在最终的项目结算环节中也可以辅助造价控制工作，管理者可以直接字平台上对工程量数据进行对比，确定签订合同、招投标以及施工工程中的造价信息是否可以保持一致，验证造价管理工作的开展效果，将造价管理的水平提升到更高的层次上。

新型造价管理平台支持更多与造价相关的操作，一些既有的造价控制问题也被解决，工作人员可以使用新型信息化工具来调用造价数据库，增强控制工程造价的力度，综合造价管理水平被提升，多个环节中难以消除的造价管理问题被化解，工程资金损耗也被减少。

造价管理是当前大型建筑工程中的重点管理任务之一，建筑工程需要创造的效益有很多种，建设方的工程建设理念发生改变之后，工程建设工作的整体难度也被提升，因此一些新型技术手段必须在工程管理环节发挥作用。本节重点针对造价管理这部分需求，设计了可使用的管理平台，工程人员必须要参考正常造价以及成本管理任务来完善平台内部系统，以此保障依托于信息化科技的造价管理平台可被正常使用。

第八章 建筑工程项目进度管理

第一节 项目进度在建筑工程管理的重要性

随着城市化进程的加快，人们生活水平不断提高的同时，对建筑行业的关注程度也逐渐升高。特别是在建筑市场如此兴盛的今天，建筑单位不仅要在规定工期内完成对工程的整体施工，同时还要保证建筑的施工质量，根据实际施工情况控制整体施工进度，保证了施工进度的科学性，在降低工程成本的同时，还在一定程度上提高了施工质量。本节从项目进度的管理着手，探讨了项目进度在建筑工程管理中的重要性。

随着经济的迅速膨胀，我国的基础设施建设种类也在随之增多，建筑行业的发展因此而变得飞快，成为现代社会发展中必不可少的重要发展环节。在建设施工过程中，项目进度管理成为建筑工程管理的重要环节之一，关系到了整个建筑工程的质量问题。施工单位若想提高自身的竞争能力，就要完善自身的监督与管理，提高自身水平，而项目进度的管理不仅提高了施工单位整体的管理水平，还在一定能程度上提高了建筑工程质量。因此，项目进度管理在建筑工程的管理中是十分有必要的。

一、项目进度管理重要性剖析

（一）合理安排工期

在建筑工程施工开始前，施工单位按照各施工环节的工程量大小和施工程度难易进行具体施工时间的安排。因为建筑施工的特殊性，大部分工程处于室外，由于受到气候环境和天气等外部因素影响，建筑工程可能无法按照计划建设工期如约完成。因此，这就需要施工负责人对这些意外情况的发生做好预案，制定完整的施工计划，避免以为这些突发情况造成建筑单位不必要的损失。

（二）控制施工成本

建筑工程项目中包括了人力资源在内的设备资源以及资金资源等各种资源的整合。若工程施工方想加快建筑工程的建设，不仅会加大投资成本的投入，同时也无法保证工程质量合格，若工程质量不达标，返工则会造成资源的浪费，造成了恶性循环。施工成本的增加很容易引起项目进度管理的失控，从而导致施工单位遭受更严重的经济损失。在施工过程中，控制施工成本的投入，加强对资金的管控是十分重要的

（三）保证工程质量

在施工工作开展前，施工单位要对施工材料进行严格的把控，检查施工材料的品牌及质量，核对建筑材料的型号及数量，这些都是项目进度中所必需的环节。在我国的一些相关法律文件中，对项目工程的整体质量，极其安全性、美观性和实用性，提出了具体的要求和操作规范，施工单位应按照标准进行工程建设的开展。对建筑材料的严格把控，掌握材料的质量极其安全性能，有助于对整体工程安全进行保障，因此，在施工过程中，掌握施工项目整体进度，合理利用建设资源，制定科学可行的施工计划，有助于施工工作的顺利进行。

二、影响建筑工程项目进度的因素

（一）人为因素

在建筑施工过程中，人为因素的影响对整个建筑工程进度起着决定性作用。因此在建筑施工工程中，要做好施工进度的整体计划，组织协调好各部门之间的合作与调配，由于这些计划的制定和部门之间的协调都是人为进行的，因此人为因素在施工项目进度中的影响较大。

同时，在建筑施工过程中，施工图纸的准确与施工设计的合理都是由专业人员负责的，这些人为因素一旦出现差错，将会直接影响到施工项目的整体进度。同样施工分包企业也是影响项目进度的重要因素之一，其是否履行合同要求、施工过程中是否存在失误等问题，都会对项目进度造成直接影响。除上述人为因素外，质监部门在审批过程中涉及人的行为活动，由于其时间的迟缓，也成了项目进度的影响因素之一。

（二）物资供应不足

由于项目施工时间的紧张，人力资源的配置不够科学合理，导致一些建筑施工材料无法跟得上施工进度的开展，一些项目由于周转时间过长、供应材料短缺，这些都会影响施工项目的工程进度。

（三）施工技术有限

施工单位的施工技术高低将直接影响到施工项目的工期进度。从施工人员的专业技术，到整体建筑的施工工艺，这些都是施工项目进度的影响因素，工艺技术的高低、统筹兼顾全局的问题解决能力等，这些都可能对项目进度造成极大影响。

三、项目进度在建筑工程管理中的具体措施

（一）制定科学可行的施工计划

建筑工程管理中涉及的内容和种类较为烦琐复杂，制定施工计划前要对施工过程中的各方面因素进行综合考量。在制定施工计划前期，要对施工材料的质量进行严格的把控，对施工材料的标准进行反复的核验，认真筛选其品类，并对整体施工材料数量进行最终确认。

在施工开始前，联系好施工材料的供应商，保证施工过程中施工材料的充足供应。同时，要对各项施工设备进行逐个比对，检验其合格证，严查施工设施的质量安全，这不仅是对参建人员人身安全的负责，同时也避免了由于设备停工而造成工期延误的现象。上述这些问题，都需要进行统一的规划制定，否则一旦工程开始施工，各项准备工作如果不充分，就会造成施工现场的混乱，这些遗漏的问题就成了影响施工进度的问题来源。

（二）确保施工材料的供应

在建设施工过程进度的控制过程中，施工开始前，应对施工各环节中所需的建筑材料及备件准备充分。根据施工进度的计划，施工单位应提前和制定科学的采买计划，准备好各个施工环节和工序所需要的设备及零件清单，并在采购过程中，注意对每一项所采购的材料进行相关资格和合格证书的核对，确保每一个施工环节所采用的建筑材料都安全可靠，从而保证整体建筑施工的质量，进一步确保项目工程的施工进度。

在建筑施工过程中，塔式起重机是所有建筑设备中最重要的核心设备，也是决定整个建筑施工进度的决定性设备，因此，塔式起重机的质量安全监测工作尤为重要。其现场安装工作必须由专业工作人员进行，确保各类施工设备都到达了法律规范中的合格标准，只有对施工材料的数量和施工设备的安全做到了双重质检，才能避免施工中不必要的麻烦，保证建筑项目施工的顺利进行。

（三）做好建筑施工的进度管理

首先，建筑单位要结合企业自身发展的实际情况，参考国家预算方式的配额标准，作为建筑成本预算的科学依据，以建筑企业的成本作为项目进度管理准则和最终评估依据。在建筑材料采买前要对建筑材料市场进行相关调研，进行多厂商之间的性价比比较，增加企业的经济效益。

其次，安全第一永远不仅仅是挂在口头上的口号，安全问题直接关乎参建人员的人身及财产安全，施工单位应对参建人员进行不定期的安全培训，建立参建人员的风险意识，要求其必须严格遵照国家规定的生产条例进行安全建设，时刻坚持以人为本的生产理念，并对施工现场的安全问题加以监督和管理。

最后，要注重建筑施工水平的提高，施工质量的好坏直接关系到建筑的企业的名誉及未来发展，因此，在保证施工项目进度的基础上，提高施工质量，对企业的经营和发展都有着十分重要的意义。

在建筑工程的项目进度管理中，工期延后是建筑市场上普遍存在的问题之一，因此，对于项目进度的管理就显得尤为重要。若想确保建筑施工质量，保证各个环节的建筑施工任务顺利完成，就要把施工项目的进度控制好。不断加强企业对项目进度的管理意识，制定科学可行的项目施工计划，总结自身的问题，在发展中不断进步，提升企业的综合管理水平。综上所述，建筑工程若想保质保量，就要实施项目进度管理上的不断创新，促进建筑行业的健康稳定发展。

第二节 建筑工程项目进度管理中的常见问题

施工进度管理是建筑项目管理的重点，与施工工程的成本、质量的成本等其他项目有机结合，形成一个总的反应工程实施项目进程的重要指标，因此科学管理建筑工程的项目施工进度，不仅仅是普通的施工周期控制，更是一项涉及面极其广泛、影响因素极其复杂的一系列的施工进度管理行为，从而间接或直接影响施工公司的工程质量和其他工程指标，如何有效的、科学的控制施工进度，是目前大多数工程施工公司所要研究的一个重要课题。工程项目的施工进度控制是五大工程控制的重要内容，建筑项目的最终完成是在施工阶段，因此，在施工阶段进行比较严格的进度控制就显得十分重要。

一、工程项目进度与施工工期的可控性

建筑工程中施工项目进度的可控性，是保证施工项目能按期完成的重要因素，合理可控的安排施工资源供应，是节约工程成本及其他相应成本的重要措施。当然，这也不是说工期越短越好。盲目的、不合理的缩短工期，会使施工工程的直接费用相应增加，进而增加总投资，甚至会影响到相关的成本、质量安全等方面。而且，有些施工条款中明确规定：在未经过业主同意的情况下，因施工方工期缩短所引起的一切费用增加项目，业主有权利不负担。因此，工程施工方必须做出全面合理的考虑，同业主和工程监理方一起共同实施合理的、科学的进度管理，并进行动态可控制性纠偏。

二、项目进度的科学性

工程项目的科学性中，先分解工程的工期，其中工期包括：建设期、合同期、关键期和验收期。建设工期中的科学性是指建设项目或单项工程从立项开工到全部建成投产及验收，或交付使用时所经历的科学的、规范的过程。建设工期的科学规范方面是签订合同起，到中间施工，以及分阶段分年度科学的安排与检查工程建设进度的重要计划，而合同工期的科学性是指从承包商接到开工通知令的时间算起，直至完成合同中规定的施工工程项目、区间工程或部分工程，并通过竣工验收期间的合理规划。关键工期的科学性指在区间进度计划的实施中，为了实现其中一些关键性进度目标所用的时间，在此进度计划当中，关键工期的合理规划即为关键线路的合理施工打下坚实基础。所以说有一个科学的、合理的项目进度。可以主次分明，清晰的做出总体项目进度，从而更好地为项目进度的管理服务。

三、建筑工程项目管理的进度

管理进度一般是指一段工程项目实施区间，此段施工结果的进度，在每一小段工程项目施工的过程中要消耗人员、费用、材料等才能完成项目的任务。当然每一段项目的实施

结果都应该以此段项目的实际完成情况为目标，如工程的中可量化的进度来表达。但是由于实际操作中，项目对象系统（技术系统）的不可控因素影响，常常很难做出一个合适的，标准的量化指标来反映施工工程的区间进度。比如有时时间和人员与计划都按计划执行，但实际工程进度（工作量）确未能达到预期目标，则后期就必须增加更多的人员和时间等来补足。建筑工程的施工进度大多分为：预期进度、施工进度、总体进度。预期进度是指该工程项目，按照既定文件所规定的施工工程指标、时间及完成目标等，经预期编制形成的计划进度，且计划进度须经施工监理的工程师批准以后，才能形成相应的进度计划。而当前施工进度指工程建设按原进度计划执行，而后在某一时间段内的实际施工进度，也称实际状态进度。总体进度常用所完成的总工作量、所消耗的总资金、总时间等指标来表示总进度的实际完成的情况。工程项目总进度计划是以全体工程或大型工程的实际建设进度作为编制计划的标的对象，详细来说包括工程设备采购进程、总体设计工作进度、各项工程与实际工程施工进度及验收前各项准备工程进度等内容。单项工程进度计划通常是以组成整体建设项目中某一独立或区间工程项目的建设进度作为该编制计划的对象，如企事业单位工程、企业工厂工程等。在现代工程项目管理的定义中，人们赋予进度以更加综合的含义，它是将工程项目中各项任务、区间施工工期、建设成本等有机地结合起来，形成一个统一的综合性指标，从而全面地反映项目的实际实施情况或各项指标。现代进度控制已不仅仅是传统意义上的工期控制，而是将施工工期与工程实物、实际成本、劳动力等资源全面的统一起来。

四、建筑工程项目进度管理的复杂性

首先工程项目的管理是一个很复杂的流程，按照主体的分类，我们可以分为业主的项目管理及施工单位项目管理等，但是不管是谁的项目管理，都绕不开四控三管一协调。这是项目管理的核心内容，这七个方面其实没有说谁重要谁不重要，但是具体到某个主体单位，就会有侧重了。

建筑工程项目中的管理人员，尤其作为（建筑）工程类的项目经理，必须就要有扎实的知识基础，此知识结构应该由三大系统组成：建筑类的知识；工程类的知识，主要是技术类的知识；作为项目管理人员，需要知道相关的管理规范和管理作法。作为施工，需要知道具体的施工做法和工艺。管理类的知识。如何协调，组织和管理整个项目的实施。

建筑类的知识是基础。针对是项目的产出物：产品。只有你知道你需要提供什么样产品，你才能组织去实施，去管理。

工程类的知识是核心。工程前期，产品是需要人员实实在在做好规划的。这个过程集中了项目相对较多的资源和关注度。但对于项目经理，需要了解的程序，是需要知道怎样去做，操作的具体程序。以及如何制定计划，更好的促成整体项目进度的管理。

管理类的知识是保证。项目的实施是一个庞大的复杂系统。需要处理各种各样的情况和问题。靠的就是管理的保证。对于项目，这是不断提升的技能。

安全是最重要的，而且在各行各业都是最重要的，但是到了工程上，尤其会影响整体施工的进度，从开工，我们就讲安全文明施工，三级安全教育，安全交底等，但是实际上因为费用的问题，主要是措施费，以及国内对安全生产的不重视（主要是人员素质较低，知识水平不到位，以及国内对工人的保护机制的不完善），这个问题是在整个工程过程中现场问题最多，出事最多，严重程度最大。具体到业主的工程经理，更应重视的，尤其要及时核查施工单位采取的措施，但是到实际操作中，因为业主，监理，施工单位职能分工，所以最终业主往往在这个上不会太过于费心，监理方因为种种原因，不太会纠结，大家都控制在一个不发生大的事故的单位内，保证不会因为安全原因停工（质监站，安监站检查），主要有以下几个方面控制，安全资料要完善，特别是一些重要要专家论证的必须资料完善才能施工，例如高支模，滑模等。其他方面嘛，按照现在国内的情况嘛，作用业主方的话，确保监理，施工方的安全人员以及经费投入到位，如果是施工单位要招一个经验丰富的安全员（不仅仅是技术方面，还有安全管理。不仅可以管好，更大程度上会促进工程项目的施工进度和质量）。总而言之，建筑工程项目管理进度的复杂性，是人员、费用、安全性等三方机制共同发力影响的。只有更好地对这些方面进行严格把控，才能更好地管理施工进度。

五、针对建设项目的进度目标进行施工进度控制

进度计划是根据时间轴来安排项目施工任务，而时间轴中的计划工期确定是根据计算工期、合同工期来确定的，所以说合同工期≥计划工期≥计算工期。所以一般工程都是在合同工期内完成，但是能否在计划工期内完成，这个得根据具体情况分析，一般来说进度计划是动态调整的，意味着很难按进度计划完成计划工作。

影响进度实现的因素无非以下几点，人、机、料、法、环。虽然人的因素是最主要的，但是人的因素是可以通过沟通协调来解决的（不就是钱的扯皮嘛），环境和方法的选择对进度影响也是比较大的，比如说没有明确整个工程关键部位，导致由于关键部位未及时施工而拖延工期，而天气也是，如果接连下雨的天气，进度也会受到影响。进度计划可分为投标进度计划，中标入场后的总施工进度计划，中期（阶段）施工进度计划 / 节点施工进度计划，短期（周 / 半月）施工进度计划。

在编制投标进度计划的时候，比较粗，一般可以认为是施工进度计划中连春节这段施工间歇期我都不考虑的（就是施工进度计划中，春节也排了活），在进场后，排总施工进度计划 / 年度施工进度计划的时候，起码春节因素要考虑的，要把春节期间的那段时间空出来。之后再细化细化到短期（周 / 半月）施工进度计划的时候，就会切实结合当前的实际情况（施工作业面 / 人员 / 机械 / 图纸是否完善）等因素进行考虑。

第三节 建筑工程项目质量管理与项目进度控制

近年来，我国建筑行业发展迅速，在很大程度上推动了社会经济的发展。而随着建筑工程项目越来越多，工程建设规模越来越大，建筑工程质量与进度问题就越来越受到了人们的关注和重视。在建筑工程建设过程中，质量与进度之间有着相互影响的关系，想要保证项目质量，就必须做好进度控制工作，想要保证项目进度，就必须做好质量管理工作。本节就建筑工程项目质量管理与项目进度控制这一问题进行详细分析。

随着城市化进程的不断推进，我国建筑行业的发展也得到了有力的推动。现如今，建筑工程项目越来越多，如何有效保证建筑工程建设水平和效益是需要重点考虑的问题。在建筑工程建设过程中，施工的质量和进度是尤为关键的部分，质量的高低以及进度的快慢都会直接影响到建筑工程的整体水平和效益，而作为一个运转中的动态系统，建筑工程项目中的质量与进度这两个指标即矛盾又统一，这就需要施工企业做好进质量与进度之间的协调管理工作，以此来更好的保证建筑工程项目的顺利开展。

一、质量管理与进度控制的重要意义

在工程建筑中，施工的质量与进度是十分关键的部分，二者之间缺一不可。首先，就建筑工程项目的质量管理而言，其是保证工程施工质量的重要管理措施。建筑工程具有周期长、不确定因素多、资金大、人员多、涉及面广的特点，在施工过程中，很多因素都会对工程质量造成影响，而质量管理就是通过对工程项目采取一系列措施进行监督、组织、协调、控制的一项管理活动，在科学有效的管理下，可以更好地保证工程施工的质量。其次，就建筑工程项目的进度控制而言，其是保证工程项目按照施工计划顺利施工的重要措施。在建筑工程施工过程中，各种人为因素、自然因素、技术因素、设备因素等都会对施工进度造成影响，而如果施工进度拖延，那么就会直接影响到建筑工程的整体施工效益。而通过对建筑工程项目进行进度控制，就可以有效保证工程施工进度的合理性和科学性，进而保证施工企业的经济效益。由此可见，在建筑工程建设过程中，做好质量管理与进度控制工作尤为重要和必要，质量管理和进度控制是保证工程整体质量和效益的重要措施。

二、建筑工程项目质量管理措施

（一）建立完善健全的质量管理制度

建筑工程项目质量管理是一项贯穿于整个建筑施工过程中的活动，其具有周期长、涉及面广、系统复杂的特点，因此，想要更好的保证质量管理效率和水平，就必须针对质量管理工作要求和需求，制定完善健全的质量管理制度。利用制度来指导质量管理工作的顺利开展，同时利用制度也可以约束质量管理行为，进而确保质量管理整体水平。对此，施

工企业可以建立一个专门的监督管理部门，由监督管理部门负责工程施工的质量管理工作。针对监督管理部门，施工企业应该明确其管理责任、管理义务、管理目标、管理要求等，制定详细的规章条例，保证监督管理部门按照规范要求开展管理工作。对于相应的管理人员，施工企业也可以实行个人责任制度，所谓个人责任制，就是将管理责任落实到个人身上，这样一旦发生管理问题，能够便于在短时间内找到问题的原因，并追究个人责任，对管理人员可以起到良好的约束和限制作用。

（二）材料设备质量管理

在建筑工程施工过程中，材料与设备是尤为重要的组成部分，材料与设备的质量高低直接关系到工程施工质量的高低。因此，为了更好地保证施工质量，就必须注重对施工材料与设备的质量管理。就施工材料而言，管理部门应该加强对施工材料全过程的质量监督与控制，即从材料采购、运输、保管到材料应用全过程严格把控质量。如发现材料存在质量问题或数量不足，必须要第一时间采取措施应对，避免问题材料被应用到施工中。就施工设备而言，施工企业应该做好施工设备的管理与维护工作，比如要定期对施工设备进行全面排查与养护，保证施工设备的运行质量和效率。如设备出现故障和问题，要禁止使用，并及时进行维修和处理，在保证故障得到解决后，才能够继续应用设备。作为机械设备操作人员，在机械设备应用过程中，应该保证其操作水平，避免由于操作问题导致设备故障的发生。

（三）提高施工人员综合素质

在建筑工程施工过程中，施工人员是施工的主体，施工人员的技术水平及职业素养与施工质量有着很大的关系，因此，为了更好地保证施工质量，施工企业还需要做好施工人员的管理工作。比如在建筑工程质量管理过程中，施工企业要注重提高施工人员的综合素质，加强对管理人员、技术人员、施工人员的培训教育工作，以此来提高他们的专业知识、专业技能、个人素养等。这样一来可以使得施工人员更加努力地投入到施工工作中，进而更好的保证施工质量。另外，施工企业还需要加强对施工人员的管理、组织、协调等工作，以此来实现人力资源的优化配置及利用。

三、建筑工程项目进度控制措施

（一）制定相关工程项目目标

在建筑工程项目施工过程中，工程目标的制定尤为关键，无论是大工程还是小工程，有了工程目标，才能够有项目建设的方向，同时工程目标也是衡量工程监督的首要标准。因此，为了更好地对建筑工程进度进行控制，在工程建设前，施工企业就必须结合施工的实际情况制定相关的工程项目目标。目标的制定需要结合工程需求、工程要求、自然因素、人为因素等综合确定，保证工程目标的合理性和科学性，进而才能够根据工程目标，对施工进度进行正确的衡量。

（二）制定工程施工工序

在工程目标制定完成后，施工企业需要按照所制定的目标进一步安排施工工序，在施工工序安排过程中，施工企业需要考虑到各种影响施工进度的因素，如天气因素、人为因素、不确定因素等，在综合考虑下确定每一个施工工序的时间、部门、人员等，以此来保证每个施工工序能够在规定的时间内完成施工。通过制定工程施工工序，也能够更加有利于进度控制工作的开展，进而更好的保证施工进度在合理范围内。

（三）工程施工进度控制

在工程施工过程中，存在诸多不确定因素，这些因素都会对施工进度造成不同程度的影响。因此，为了更好地保证施工进度的科学性和合理性，就必须做好工程施工进度控制工作。比如在施工现场中，每一个施工节点都需要将实际施工监督与施工计划进行对比，如果对比之间偏差较小，那么说明进度在合理范围内，如果偏差较大，那么说明进度出现明显的拖延现象，对此，就需要根据实际施工情况，结合施工计划，对施工进度进行合理的调整，以此来保证施工进度的合理性。比如提升工程建设效率、降低返修率、避免重建现象的发生、做好施工人员的合理配置等，都是控制施工进度的有效措施。

在建筑工程项目建设工程中，质量和进度是尤为关键的两个要素，只有保证了建筑工程的施工质量，并合理控制了建筑工程的施工进度，才能够更好地保证项目整体建设水平，进而提高施工企业经济效益。因此，这就需要施工企业在建筑工程施工过程中，既要做好质量管理，又要做好进度控制工作，使得质量与进度二者之间能够协同前行，这对于保证建筑工程项目整体建设水平，以及促进施工企业良好发展都具有重要的意义。

第四节　建筑工程项目管理中施工进度的管理

进度管理在建筑工程中具有至关重要的作用，是建筑施工企业保障施工质量、控制企业成本支出的保障。因此，在建筑施工中加强进度管理尤为重要，并且还需要结合实际，与时俱进，将先进的技术手段融入进度管理中，以此来提高管理效果，促进建筑业更好的发展。

一、进度管理在建筑工程管理中的重要性

在建筑工程管理中，进度管理发挥的重要性主要表现在以下几个方面：

（一）在建筑工程工期中进行科学编制

通常的情况之下，在启动建筑工程之前，就需要做好基础的准备工作，比如；对建筑工程的规模进行评估，在评估之后制定出合理的实施方案。与此同时，还需要签订一系列具有法律效益的建筑施工合同。这就要求施工单位必须按照合同内的规定完成所有施工项目，包括时间限制与质量标准等细节方面的要求。如若施工单位没有达到合同中的要求，

就会付相应的赔偿金。由此可以看出，工期在建筑施工单位中具有重要的作用，其更加需要进度管理进行科学有效的编排，用来监管和维护施工企业的经济利益。

（二）保障建筑工程的工程质量

质量安全问题是建筑工程中的重中之重，国家现行的有关法律法规、技术标准以及设计文件中对工程的安全、适用、经济等特性的要求，是建筑工程中的标尺。在建筑工程中合理的应用进度管理，是保障建筑工程质量得以实现的基础，同时需要对建筑的原材料、施工安全等方面进行严格要求，以此来确保建筑工程的质量。有了进度管理对建筑工程的要求，其质量目标方面的实现才能得到有效的保障。

（三）合理控制建筑工程成本

如今的建筑市场竞争环境日趋激烈，获取科学、合理的经济利益是建筑工程企业在竞争中的源源动力。只有合理的控制施工成本，才能使得企业得到科学、合理的开支。包括合理的确保人力、材料、物品方面等耗费的费用。而当前的一些施工企业只注重工程的完成速度，不计增加成本的投入，以此来确保完成工程，这样的方式也会将施工的总成本大幅度的增加。面对这种情况，进度管理在建筑工程管理中的作用就凸显出来。通过监督管理在工程成本控制上的管理，减少企业的一些不必要成本费用，以及因为一些赶工期带来的花费损失。

二、施工进度管理经常出现的问题

（一）编制施工进度计划中的问题

一个工程的建设必须制定一个科学合理的施工进度的计划，这个计划是工程能否按照合同工期正常完成的保证，也是重要的影响因素。编制一个合理科学的施工进度计划需要依据工程当地的环境特点、项目自身的特点以及合同的要求等等，同时要注意施工过程中各个施工阶段的顺序以及各个工作之间的衔接关系，资源合理科学的配置，资源的合理配置也是影响施工工期的因子。同时，不同的工程具有不同的特点，在组织建设之前需要组织人员对施工图纸和资料进行详细的审查，防止设计方案的不合理或者无法施工的现象，施工进度计划必须包含整个项目的各个环节和每一项内容，避免在工程施工过程中出现不在计划内的施工，增加额外的投入，进而打乱整个投资计划，影响施工进度。施工进度计划还应该考虑到项目所处当地的天气、地理、人文环境等因素的影响，防止自然因素对工期的影响。有一些企业在制定施工进度计划时，目标不明确，没有具体考察工程所处实际环境的影响，各个阶段时间控制不合理，不参考当地的地质条件、工艺条件、项目的大小和设备的具体状况而制定了施工工期，最后造成了施工进度计划自身存在缺陷，施工过程中必然出现问题。

（二）施工进度计划与资源分配计划不协调问题

施工进度计划能够顺利实施的关键在于工程的资源是否得到合理的配置。资源配置主要包括人力资源、材料资源、机械设备资源、施工工艺、自然条件、动力资源、资金以及设备资源等等。资源的分配需依据施工进度计划来进行，根据进度的时间节点合理、科学的制定出资源分配计划，施工进度计划和资源计划是同时制定的，同时这两个计划也是相互制约相互影响的。现在许多企业还是传统的施工思路，只是合理的制定了施工进度计划，没有科学的筹划出资源配备，只是根据以往的经验来进行分配，结果可能会出现资源跟不上施工进度，结果影响了整个工期。

（三）工程进度计划施工中执行问题

现在，许多建设企业中还存在施工进度管理不善的问题，施工进度计划没有严格按照要求执行，尤其是一些企业规模不大的施工单位，实际施工过程中与施工进度计划严重不符，相互脱节，编制的施工进度计划失去了编制的意义，施工只是施工，而计划就是计划，导致施工过程中完全没有按照计划进行，施工进度计划落空，制定的施工工期目标不能按期完成，工期延长。

三、加强工程项目施工进度管理的措施

（一）单项工程进度控制

在工程开工之后，施工单位应对整个工程进行专业分析，建立工程分项的月、旬进度控制图表，以便对分项施工的月、旬进度进行监控。其图表宜采用能直观地反映工程实际进度的形式，如形象进度图等，可随时掌握各专业分项施工的实际进度与计划间的差距。

（二）采用网络计划控制工程进度

用网络法制定施工计划和控制工程进度，可以使工序安排紧凑，便于抓住关键，保证施工机械、人力、财力、时间均获得合理的分配和利用。因此施工单位在制定工程进度计划时，采用网络法确定本工程关键线路是相当重要的。采用网络计划检查工程进度的方法是在每项工程完成时，在网络图上以不同颜色数字记下实际的施工时间，以便与计划对照和检查。

（三）采用工程曲线控制工程进度

分项工程进度控制通常是在分项工程计划的条形图上画出每个工程项目的实际开工日期、施工持续时间和竣工日期，这种方法比较简单直观，但就整个工程而言，不能反映实际进度与计划进度的对比情况。采用工程曲线法进行工程进度的控制则比较全面。工程曲线是以横轴为工期（或以计划工期为100%，各阶段工期按百分率计），竖轴为完成工程量累计数（以百分率计）所绘制的曲线。把计划的工程进度曲线与实际完成的工程进度曲线绘在同一图上，并进行对比分析，如发现问题实际与计划不符时，及时做出调整，确保工程按时完成。

（四）采用进度表控制工程进度

进度表是施工单位每月实际完成的工程进度和现金流动情况的报表，这种报表应由下列两项资料组成：一是工程现金流动计划图，应附上已付款项曲线；二是工程实施计划条形图。施工单位提供上述进度表，由监理工程师进行详细审查，向业主报告。如果根据评

价的结果，认为工程或其工程的任何部分进度过慢与进度计划不相符合时，应立即采取必要的措施加快进度，以确保工程按计划完成。

工程施工进度控制的目标是为了实现项目建设工期，必须通过行之有效的控制与管理，充分把握研究影响进度的各种因素，针对施工进度控制存在的问题采取相应措施，主动积极的对施工进度进行控制，通过各专业、各环节的共同努力，编制合理的施工进度计划，建立科学的控制体系，才能确保工程进度达到合同要求，获得最佳的经济效益和社会效益。

第五节　海外建筑工程项目群施工进度管理

建筑业的发展是大家有目共睹的，随着其慢慢地成长，面临的问题也是越来越多。因此，在发展国内工程项目的同时，为了改变这一现象，许多企业发展了海外工程，特别是一些国有大型企业。海外工程虽然说和国内工程施工的差异并不是很大，但是其工期和进度的完成情况会影响企业的整体效果，如果是工程项目群施工的情况，成本将受到严重的影响。如何充分发挥管理人员的素质和提高建设大型项目群的能力，最大限度地发挥建筑企业的利益，从而提高建筑企业市场的竞争力，已成为当前建筑公司面临的问题之一。

近年来，随着我国经济的高速发展，建筑行业作为我国的支柱产业之一也在迅速发展。面对如此激烈的竞争，越来越多的企业开始走出国门，寻找新的利润点。但是由于海外工程建设因其特殊性，也给工程项目管理带来一定的难度。对于我国的建筑企业而言，已经发展到了一定程度，并且有了自己的口碑，但是面对国际化的挑战，面对的问题还是比较严峻，从而制约了我国海外建筑工程项目的海外市场的开拓与发展。

一、项目群进度管理的主要内容

对于建筑工程项目而言多个项目同时进行是一件常事。如何计划统筹的把这些项目的进度优化到最短时间内完成，是群项目管理的主要内容之一。好的项目群管理应该是各个子项目同时进行，达到总体目标集群的目标价值。项目群进度管理主要内容如下。

（1）识别项目群。

对于项目群而言，首先要对其识别，然后根据总体的施工项目的目标而进行分解，从而集成的管理。为了更好地识别与管理，可以对各个层面进行分解，从而进行关联。

（2）确定项目群活动顺序。

建筑工程项目群管理其实质就是对于子项目在工序上进行的逻辑关系的调整，从而可以让资源在子项目上得到充分的调度，尤其是资源比较紧缺的情况下，比如高技术人员与高层次的管理人员缺少的情况下，所以建筑企业在施工中一定要对施工顺序明确。

（3）估算项目群工期。

项目群中子项目的施工顺序一旦完成，工序的持续时间就直接决定了整个项目的施工工期的时间，以及项目在实施的过程中所要投入的资源等。

（4）编制项目群的进度计划。

施工企业项目群进度管理计划的编制不同于以往单个周期的编制。项目群必须在单个项目的基础上编制总体进度计划，统筹整个项目群的进度，从而达到最优的完工时间。

二、影响项目群进度管理的因素

在项目组建设过程中，由于涉及的项目较多，所使用的功能也不同，所以在建设过程中项目管理的技术复杂性会不同，建设周期的特点也不同，具有资源倾向性的特点。一个项目组的进度管理是基于每个项目的，单个项目的延迟可能会导致整个进度的延迟。因此，项目群的进度控制必须对整个项目中的某些因素和不确定因素进行系统的评价和分析，并采用科学的方法对这些因素进行控制，以保证项目整体进度的顺利完成。

从施工企业的角度考虑，项目群进度管理的因素主要表现在内部与外部因素的两个方面：

（1）内部因素。

内部因素就是项目群施工单位的自身问题。例如有管理能力、施工水平、供应问题等，总之就是施工企业是否能够保证项目不受本单位的因素而延期的情况。

（2）外部因素。

外部因素就包括很多了，如建设主体的组织协调与环境因素等。而对于环境因素而言，包括了施工阶段中的天气因素、气候因素、政治因素、社会因素、经济因素等。特别是政治因素中，如果遇到一些政策性的变动，这其中是具有一定的风险性的。还是就是经济因素，就是施工中一些材料可能由于某种原因而突然价格不稳定或猛涨，都会给项目群进度带来一定的风险，从而影响进度。

三、项目管理中施工进度控制措施

（一）建立良好的进度控制组织系统

（1）项目经理部主要职责：要对进度控制人员进行落实，同时分配具体的任务与责任，对于工程总体的进度控制计划要进行层层分解。

（2）项目进度群施工进度，要求主要项目组织在施工前期，科学合理地确定施工阶段和进度和技术支持，以及应该协调的时间，还有施工中可能发生的影响群项目进度的一切相关风险，当然还包括工程的最重要的任务自然条件，社会经济资源和工程建设的特殊性和计划的进展等一系列的分析，通过进度确定关键阶段和施工程序，对单个工程的施工进度进行协调和平衡，使其能在相对较短的工期内及时反应并投入生产。

随着网络技术的发展，网络电视也是人们日常生活必不可少的娱乐方式，因此，利用网络新技术，打造网络电视客户端，不仅可以增加电视台收视率，对于电视台而言也是持续发展的重要网络技术。

（4）在施工之前，要确保手续与方案都没有问题后，项目相关负责人要进行统筹规划，要及时组织对现场的与施工相关的问题进行合理安排，根据已经有条件对施工现场做好前期的预备方案，其中包括了设备、材料存放问题、人员安排等，这样能够做到胸有成竹，让工期顺利地完成。

（5）在施工中，按照施工质量管理体系和工期编制的具体计划，要合理地对工序进行安排，从而实现平行施工，以更提高施工的进度。

（6）对于工作进度的会议要适时的进行开展，对于施工中每个时间和工序的工作进度，要有针对性地采取一些措施，为了能加快施工的进度，一定先抓住关键工序的管理和施工，科学合理地缩短施工工期与工序。

（7）为了能顺利地完成施工任务，可以转成经济承包责任制，这样可以发挥做的多得的多，保证质量，还可以调动全体员工的积极性。

（二）搞好施工项目进度物资、设备、技术、后勤保证措施

（1）施工项目中后勤工作是施工中的必备条件，当然也包括物资的运输以及储备等，如果施工中遇到一些偏远而且运输条件不太好的工程，就要提前准备好，这样才能确保施工中的水、电、材料等必备物质的供应充足。

（2）后期如果出现问题，为了能及时与设计单位联系解决，就需要提前做好现场调查与图纸会审的工作，这样就可以确保如有疑问的地方，可以做多心中有数。

（3）设备要时常检修并做好保养，特别是一些容易坏的设备，要做到有备用或可以调配的设备。要确保机械设备能随时满足工作的需要，这样就能避免设备方面给施工带来的延误。

（三）搞好施工中的协调

施工中的协调能够顺利开展相关工作，特别是对于进度来讲，显得尤为重要。在海外难免会遇到语言上的障碍，所以可以通过提升相关人员的英语专业水平，聘请专业的英语老师和外国建设单位的专家授课，加强专业的翻译和外国技术人员的沟通，真正了解外国技术以及外国相关人员的想法和要求，还可以更好地与外国专家保持沟通和监督；另外还可能聘请外国专家和技术人员，充分发挥他们对当地法律法规、风俗习惯和人际关系的了解。这样可以充分发挥他们对场地的熟悉程度，协调好施工，保证施工高效进行，保证群项目的施工进度。

总之，海外建筑工程项目要想得到良好的发展，就要对其工程进度进行有序的管理，特别是对项目群进度的规划。海外的项目相对于国内的项目而言，在不保证质量的前提下，其进度的快慢直接决定着项目的收益成效，特别是成本的增加，所以海外建筑工程项目群的管理显得尤为重要。

第五节　信息科技下建筑工程项目进度控制管理

在信息化的当今，建筑工程项目进度控制在建筑工程项目管理的重要工作中显得尤为重要。但是影响工程进度的因素非常多，所以对建筑工程项目进行管理和控制十分关键，由此也可以看出，让信息技术与工程进度管理有效的融合，对建筑业以后的发展是十分重要的。本节对建设进度中可能出现的问题做了研究，并提出了相应的进度控制管理措施。

随着经济的不断发展，建筑业和信息技术也得到了快速的发展，但是建筑工程中出现的问题也越来越多，让信息技术科技和建筑工程进度管理相结合显得尤为重要。信息技术不但可以对工程进度中出现的问题进行监管，还可以为工程进度管理提供技术支持，增加企业的综合实力。本节从以下方面对信息科技进入工程进度管理进行了探讨。

一、建筑工程项目进度管理中存在的问题

（一）工程进度滞后问题

因为建筑工程项目的周期都比较长，并且还存在多个项目同时进行的情况，所以对资源的投入时间点和合理分配很难做到准确预估，这造成了项目在具体实施阶段，安排的工作时间不合理，可能会出现前期施工时间充裕，后期施工时间紧张的问题，还有可能因为资源分配不均而造成资源冲突；而且在施工的过程中，建筑原材料的价格是不断波动的，工程项目延期会造成项目成本增加的可能性，使得资金配置不能及时，导致项目失败的可能性。

（二）管理人员意识缺失

在项目建设的过程中，由于项目管理层的管理意识缺失，导致劳动力不足和设备错配、施工不合理、以及建筑原材料浪费的情况时常发生。并且一个工程项目是需要多个施工单位来同时完成，各个单位的管理者没有集体责任意识，被"各人自扫门前雪，休管他人瓦上霜"的思想影响，使得相互配合的不默契，导致问题频出而影响施工进程，并且一旦有问题发生还会相互之间推诿，造成了工程项目进度管理上的困难。

（三）缺乏管理制度

工程进度管理存在问题，很大原因是缺乏管理制度所导致。一是国家没有出台明确的管理制度，来解决可能出现的问题，而且相关部门没有进行有效的监管，导致出现问题的可能；二是施工单位没有制定出有效的管理制度，来约束施工人员的行为和提高管理者的责任意识。没有把责任细致划分到每个人身上，这样就导致了出现问题找不到相关责任人；并且没有严格的统一标准，使得工人对标准不明确。

三、建筑工程项目进度控制管理的措施

（一）合理的规划项目进度

在项目建设前期，合理的规划项目的进程，是为项目顺利进行打下了坚实的基础。首先在项目施工前，要对各个施工单位的工作内容进行明细划分，让每个施工单位明确自己的工作内容和职责，把自己的工作职责落实到具体工作当中，并需要定期检查，来确保工作内容和进度都达标，大大降低进度出现问题的风险；其次要对项目进行充分的调查，对施工环境、原材料的价格和需求量以及资金供应链等因素做好评估，从而制定合理的施工进度计划，避免延期出现以及资金链断裂的可能；最后要做出必要的应急方案，确保一旦出现问题时，可以在第一时间内有应对的措施，并尽量将问题控制在一定范围，避免对施工进度产生不可控制的影响。

（二）加强培训教育

提高管理人员的责任意识，对建筑工程项目进度控制管理非常重要。因为只有每个人的管理意识增强，才能强化大家的集体意识，才能让项目更加顺利地进行，所以需要开展一些培训活动，来加强管理人员的责任意识。比如可以定期组织大家学习，让每个人写下学习心得并分享给其他人，让大家都有这样的责任意识，并且可以让每个人都制作一个关于所学内容的小视频来供大家欣赏，增加大家学习的积极性；其次可以把培训内容和游戏相结合，组织一个趣味问答比赛，并添加一些有趣的奖惩方式来增加知识的趣味性，不让人觉得学习无聊难以接受；最后需要组织评选活动，对培训期间表现优异的人员进行嘉奖，对学习态度散漫的人进行批评，让施工人员知道企业对开展培训活动的重视性，也让其知道责任的重要性。

（三）加强制度建立

想要让建筑工程项目进度有效的实施，就要加强制度的建立。一方面国家要出台严格的制度来规范施工，并且还需要相关部门来进行监管，以防制度流于表面化没有落实到实处，并尽可能杜绝问题的出现；其次施工单位要制定明确的制度，让一切工作在制度下有标准可依，并建立完善的奖惩制度，把职责细化到具体的人身上，让每个人都有危机意识，这样才能是工程更好地进行下去，一旦出现问题可以及时发现并解决，防止问题扩大化影响到施工的进程。

四、建筑工程项目进度控制管理的意义

随着我国经济的持续发展，建筑行业也迎来了良好的发展前景，但是随着项目复杂程度的增加、多个工程同时进行的情况也越来越多，更由于工程信息获取不及时、项目监管和控制欠缺、施工前的预定方案不合理等原因，导致工期延误、成本超出预算以及项目失败的现象频频出现。因此必须构建先进、高效、合理的项目管理机制来推进企业的转型，使其更符合国家科技发展的要求。

　　进度控制水平直接影响到公司的经营收益，利用网络信息科学技术来作为项目管理进度的技术支持，可以有效地缩短建设周期来提高效率、降低企业的使用成本以及提高管理水平。在网络技术的支持下，可以对现有的项目管理技术进行有效的补充，为项目精度管理提供了可靠地技术，从而重视项目的整体效益优化、避免多重任务资源分配不合理而造成资源冲突，并且随着信息科技加入项目进度管理技术中，可以构建有效的项目进度编制流程，为公司提供了一切程序的标准和问题解决措施，所以在提高公司竞争力和丰富项目进度管理方面有着重要的意义。

　　随着信息技术的普及应用，信息科技进入工程进度管理是非常必要的。它的出现不但可以对工程进度管理中出现的一系列问题提供技术手段，还为增加企业的核心竞争力提供了可能，为企业的技术转型带来了重要的技术基础。本节对工程项目中可能出现的问题进行了探讨，并提出了一些策略来提高工程项目进度管理，以保证信息技术管理工程进度的合理化。

第九章　建筑工程项目收尾管理

第一节　建筑项目收尾财务管理问题

近几年来，随着经济发展和技术创新，建筑项目收尾财务管理问题突出。本节从建筑项目财务人员稳定性、管理制度受控、收尾期财务会计工作、收尾档案管理等几个角度出发，找出收尾阶段容易存在的问题以及产生问题的原因，并提出解决对策，旨在提高建筑项目收尾阶段管理水平和质量，圆满完成收尾工作。做好、加强、提高收尾建筑项目财务管理，具有极其重要的价值和意义，项目完工不仅带给企业潜在经济利益，还会给企业发展带来无形的管理财富。

一、建筑项目收尾财务管理的特点

在会计学领域中，为了更好地开展会计核算，提出了会计基本假设，其中有一个就是持续经营假设。持续经营假设是指会计主体的生产经营活动将无期限持续下去，在可以预见的将来不拟也不必终止经营或破产清算。建筑行业也是按照会计基本假设来开设，并对每一个项目进行独立主体核算，在持续经营前提下，会计确认、计量和报告应当以企业持续、正常的生产经营活动为前提。

依据PMI（美国项目管理协会）的概念，项目收尾由合同收尾和管理收尾两部分组成。合同收尾指按照合同，和客户核对是否完成了合同所有的要求，是否可以把项目结束掉，也就是我们通常所讲的验收。管理收尾涉及项目干系人对项目产品的验收正式化，而进行的项目成果验证和归档，具体包括收集项目记录、确保产品满足商业需求、将项目信息归档，还包括项目审计。

建筑项目收尾财务管理是指，建筑项目在收尾阶段实施的财务管理，它在项目管理阶段上具有特定时段性，仅指完工收尾阶段的财务管理。这一阶段具备以下特点：项目主体工程已完工，仅有小部分零星工程收入。该阶段工作重心偏向于变更索赔工作，整理竣工结算资料。财务部门也在积极整理档案资料，债权、债务清理工作在此阶段变得非常重要。资金管理工作难度较大，设备、材料的管理趋于调拨、处置过程。因主体工程已完工，基本上无大的收入，人员开始减少，但经营活动现金流量净额不可避免地开始出现负数，此阶段资金管控工作难度较大。设备、材料是建筑企业进行生产的重要资源，管理水平高低直接影响生产效益。在项目前期，财务部门从购入设备后严格按照会计政策计提折旧，部分材料需进行周转摊销，部分材料直接进入成本。后续阶段还会发生设备维护保养，修理费用，而在收尾阶段，通过对设备、材料的最后处理，我们可以全面掌握本项目设备材料管理水平。

收尾阶段能全面评价一个项目从筹备开工至结束整个时期的经营管理成果。收尾前各年度，只能通过财务报表数据分析出当年的经营成果；而在项目收尾阶段，通过从开工至收尾阶段的各年财务报表数据，可以分析出整个期间项目经营管理成果，对该项目的考核评价更加具有全面性。

项目收尾财务管理对于建筑企业是很重要的一个阶段。它能全面反映前期工作的成果，同时也反映了前期工作存在的不足，以及后期需要修正、补充、完善的事项。对于企业来说，除了获得竣工结算收益，还将获得管理方面的经验和教训。

二、建筑项目收尾财务管理中存在的问题

（一）财务人员缺乏稳定性

在建筑收尾阶段，财务人员同其他部门人员一样，心理和工作态度处于极度不稳定状态，绝大部分人都想到新项目，或另外寻求一个安稳的新职业。人员频繁变动的后果直接影响收尾财务工作开展，阻碍了企业的可持续发展。

（二）管理制度执行的风险控制难度加大

一个管理制度健全，并且运行良好的建筑项目，就算在经济形势、市场状况多变的情况下，也能规避一部分企业风险。但在收尾阶段，各种因素导致项目制度不健全或执行不到位，风险控制难度加大。

（三）收尾期间财务会计工作容易出错

该阶段虽然会计不像运营高峰期那么繁忙，但除了预算报表、月报、季报、年报、资金报表等需要正常完成外，此阶段还多了债权债务清理、材料及固定资产调拨处置以及项目结束时的账务核算，财务工作更加容易出错。

（四）档案管理工作质量不高

收尾项目的档案管理很重要，它记录并全面反映了一个项目从开工到结束的各项经济业务，具有极其重要的意义。而项目财务人员如果在档案管理不到位的情况，工作积极性不高，档案质量就会普遍不高。

三、建筑项目收尾财务管理存在问题的原因分析

（一）影响财务人员稳定性与可持续发展的原因

财务人员因工作性质稳定，很多人在一个单位职业生涯一成不变，虽然这是一个学习、积累的过程，但是受薪酬待遇、个人发展、环境及家庭等诸多因素影响，部分人员对现状不满而离开。工程收尾时，人员离开频繁，最后可能只留下几个人在收尾，财务人员一般来说是要坚守到最后一刻，这势必会影响下一项目的职位晋升。众所周知，建筑项目在市

区的比较少，大部分处于偏僻、人烟稀少的地方，当财务人员看到周围熟悉的同事纷纷离开，到新的项目就职或升迁，心理上的落差可能会导致情绪不稳定。

对于集团公司的国外项目，因地域、时差限制，财务人员更是难于管理。如前期交接工作没做好，留下的财务人员宁愿辞职也不愿接手前期财务人员留下的工作，给账务处理、报表编制及汇总等日常管理带来极大难度。

（二）影响各种管理制度执行受控情况的原因

近几年，工程项目建设周期缩短，项目人员流动性增大，导致有些项目财务基础工作不完善。财务制度健全的单位都有一系列财务管理制度、财务核算体系、财务税收文件等，这些制度、体系、文件的形成并不是一朝一夕、一蹴而就的，而是在漫长的工作时间里沉淀积累、不断总结而成的。新进的财务人员短时间内难以领悟到管理精髓，甚至对各种实际问题会感到不知所措。而项目工期短，很大可能会对现有项目财务管理未完全掌握、日常财务工作不规范，或只起到"账房先生"的作用，不能做到真正的项目财务管理。结果经常是在问题重重，工程就已经结束了。

项目部大部分财务人员年龄结构处于年轻型。在项目工期紧的时候，刚从学校出来、没培训多长时间的财务人员就分配到工地挑大梁。须知一个财务人员的成长是需要时间磨砺，需要有人带，需要从事大量的实际工作，才能对工作做到游刃有余。一个单位总让财务人员超越正常速度迅速成长，必然会给财务人员的职业生涯、给企业的发展带来一定风险。

建筑企业人员流动性较强，不好招收新职员。企业为完成工作任务，招收新职员，实习期间给予超越老职工的各种优越待遇，最终实习期限一到，达不到进单位时的期望值，人员就会选择离开。不同于其他工作，会计工作专业性较强，培养时间较长。企业应在新老会计职员薪酬制度方面出台一个可持续发展的政策，既调动和稳定老员工积极性，又能让新职员安心留下工作，成为企业后备力量。

（三）影响收尾期间财务会计工作的原因

项目收尾工作处于工程完工阶段，但财务工作并没有因工程完工就结束，财务人员需积极参与到竣工结算工作中去，做好变更索赔、催收资金、固定资产及材料调拨、处置等工作。这个阶段也最能看出一个项目在前期管理水平的高低。如果前期基础管理工作规范，那么收尾工作要轻松许多；如果前期管理工作不到位，后期收尾工作难度很大，工作很容易出错。

建筑企业粗放式经营管理致使债权债务挂账时间长，影响资金周转，不利于企业生产经营活动及重大投资项目活动的开展。一些项目收尾完工并账时，债权债务没处理完，均由并入单位接受债权债务。因时间、环境、人员发生变化，债权债务清理难度会相应加大。

（四）影响档案管理工作的原因

总部对项目管理重视程度不够，影响了档案管理工作。项目财务人员大部分属于刚出校门的大学生，不具备系统的档案管理知识；在缺乏系统的学习和指导情况下，收尾项档案管理效率及质量普遍不高。

四、建筑项目收尾财务管理问题的改善对策

（一）提高财务人员稳定性，实现人力资源的可持续发展

第一，上级单位领导及相关部门、项目部领导应关心收尾财务人员薪酬待遇。灵活制定薪酬体系，政策倾向项目部人员。虽然收尾项目已无前期丰厚收益，但还是应综合考虑项目部财务管理情况，给予收尾财务人员合适的薪酬待遇。

第二，职位晋升优先考虑有过收尾工作经验的财务人员。建议在职位晋升机制中优先考虑有从事过开工一直到收尾工作经验的财务人员。这类人员一是对企业忠诚度较高，二是已积累了一整套系统的项目财务管理经验。如若能妥善安排留住这类人员，无疑对企业发展有很大的促进作用。

第三，加强对收尾财务人员的培训，可以采取内培和外培或鼓励自学、网校学习，学习费用由单位予以承担。

（二）加强收尾项目管理制度的建立和执行

第一，加大对新入职财务人员的入职培训力度。财务管理工作实操性较强，要让理论与实际工作相结合，逐渐培养财务人员独立应对复杂情况的工作能力。

第二，上级部门应将单位各种财务制度、体系化文件整理成册，让项目财务人员学习，结合当地项目制定出适合的制度。

第三，上级部门应加强对收尾项目财务制度、体系化进行检查、评估、指导。

（三）完善收尾期间的财务会计工作

第一，变更索赔工作在工程竣工结算中是一项很重要的工作，关系到项目潜在经济利益，财务人员要积极配合工程项目管理、经营企划人员做好相关工作。

第二，在资金管理方面，因项目结束，资金流回收额度开始慢慢变小，回收速度变慢，财务人员应加强资金管控工作，做好资金催收工作。

第三，关于债权债务清理。收尾项目一定要重视债权债务清理，具体要落实到相关部门、责任人，如发生人员变动，必须做好账务交接。上级领导部门在项目考核时，收尾项目债权债务应重点考核。

第四，对于固定资产、材料调拨或处置，要按照国家相关会计税收政策来执行。对于企业来说，固定资产、材料在处置环节最容易滋生腐败。为了杜绝这个现象，企业需要制定出一套合理的程序，从报废审批源头开始，寻找公司是否经过比价或竞标，是否有两个以上部门参与了此项工作，财务人员是否亲临处置现场监查，过程中是否留存实物照片等。在大型设备处置过程中，党风廉政部门积极参与，严格合理的程序制度是做好固定资产及材料处置工作的保障。

第五，因建筑企业的流动性及组织结构的层级性，当项目完工，待债权债务清理结束后，如果后续管理需要由上级机构管理，那么需要做账会计将最后的账务上移到上级财务

机构；如果并入平级项目管理，那么账务就需要平移到平级项目进行后续管理。很多财务人员做了很长时间的会计工作，都没有做过这样的并账凭证，但在建筑企业是经常存在的。在完工并账之后，报表需要再继续填报一年。

（四）加强档案管理工作

第一，加强收尾财务人员档案管理学习和培训工作。

第二，上级管理部门应经常到收尾项目指导检查工作。

第三，档案资料最后都需要送往后方管理机构存档，而项目部所在地远离后方管理机关，还需要项目财务人员妥善保管好财务资料，在项目完工后，安全运输到后方并移交档案管理机构。

完工项目的财务管理并不能随着项目完工而消极管理，相反要更加重视。完工项目给单位带来的不仅仅是完工收益，还会给企业带来了一笔无形的管理财富。

第二节　建筑施工企业收尾阶段的成本管理

成本管理是建筑施工企业降低成本支出、增强企业效益的有效手段。然而许多企业都将管理重点放在工程项目的开始及施工阶段，而忽视了收尾阶段的成本控制。这种情况的存在使得企业极容易出现不必要的成本增加，影响管理效果。本节先是简单介绍了建筑施工企业收尾阶段成本管理的有关内容，然后分析了此阶段的管理重点，最后提出了加强成本管理的有效措施，为企业改善管理现状、提高管理效果提供了参考意见。

房地产行业的兴盛、政府对基础设施建设的重视等种种趋势的存在，给建筑施工企业带来了无数的发展机遇。但与此同时，企业也面临着巨大的挑战。一是因为建筑施工行业的兴盛引起了许多企业的关注，大量企业涌进这一行业，使得施工企业间的竞争加剧；二是因为政府、百姓等对项目产品的要求越来越高，既要求高质量，也要求高体验。因此建筑施工企业必须提高自身实力以应对日益激烈的竞争，成本管理就是行之有效的方法。一个项目工程主要可以分为项目开始（勘察和设计等）、项目施工以及最后的竣工收尾三个阶段，进行成本管理也是从这三个阶段入手。鉴于各个阶段企业面临的状况不同，管理侧重点以及所采取的管理手段也是有所差别的。但是由于许多建筑施工企业只注重项目开始以及施工阶段的成本管理，而忽视了收尾阶段，导致管理手段大多只针对前两个环节。这种情况的存在容易造成企业成本的增加，特别是在收尾阶段出现不必要成本，从而削弱企业利益。

一、建筑施工企业收尾阶段成本管理概述

对建筑施工企业来说，收尾阶段的工作大致分为两类，一是对外收尾，即甲乙双方就项目产品的质量和完成情况等进行核查、就工程款项的结算以及后续服务维修安排等进行

交接，以期尽快实现项目的彻底完结；二是对内收尾，包括将剩余物资、项目相关资料等进行汇总归档，将工作人员进行重新安排，并对工程项目进行经验总结等。收尾阶段并不意味着成本管理的结束，也不是不甚重要。相反，此阶段稍有不慎就极容易造成不必要的成本增加，影响企业成本的整体控制效果，严重者还会使之前的控制工作功亏一篑。因此，必须重视此阶段成本管理。关于收尾阶段的成本，主要有进行项目审查产生的费用、工程款结算过程中生成的费用以及后期维修费等。若是能加强收尾阶段的成本管理，就可以有针对性的减少甚至避免以上费用的发生，挖掘企业降低成本支出的潜力，以便将资金用到更加需要的地方，为企业带来更高效益。

二、建筑施工企业收尾阶段成本管理的重点

（一）对剩余资源的管理

建筑施工企业在开始一项新的工程之前，往往会把施工过程中可能需要的资源多准备一些，以防资源短缺影响工程项目进度，这些资源既包括施工所需的原材料，也包括机器设备等固定资产。任何一项工程在建设完成以后，都不可能将之前准备的资源正好用完，必定会存有剩余。即使不是刻意多准备出来的，由于工程项目所需资源存在一定浮动，实际用料和预计用料也会存在一定差距。因此，必须重视对剩余资源的管理。这是因为，如何将剩余资源合理安排与利用关乎企业成本的高低，毕竟若是安排不当，剩余资源就会浪费掉。但在实际操作过程中，企业对剩余资源的管理并不达标。比如，对于一些可以用到其他项目的建筑原材料，企业并没有合理安排它的去处；对于一些可以长期使用的机器设备，企业也没有尽快将之投入到需要的项目中去，这种时间上的延误必定会造成剩余资源的浪费。

（二）对工程项目资料的管理

工程项目的完成必定会伴随着大量项目资料的产生，包括设计图纸、工作记录以及验收报告等，这些资料是工程项目推进的体现，是甲乙双方进行竣工验收时的凭证，也是建筑施工企业整理分析此次工程建设情况的参考依据。因此，必须在保证资料完整真实的基础上及时归档，以保证相关工作能够顺利开展，尽快完结此项目，避免因资料不全而导致工作的延误，造成不必要的损失。也就是说，也应将对工程项目资料的管理作为收尾阶段成本管理的重点，但在实际操作过程中，企业对项目资料的管理还有很大的提升空间。比如，项目资料涉及各个方面，理应分类管理，然而有些企业或是将所有资料混合在一起，或是分类不够精确，这些都导致资料管理的混乱，在进行收尾工作时不能及时找到所需资料，进而影响工程进度，造成成本的增加。

（三）对竣工结算的管理

竣工结算是收尾阶段十分重要的工作，关乎建筑施工企业能否及时回收工程款。企业若是能按时完成竣工结算工作，就可以及时拿到工程款，减少坏账的出现。若是回收欠款不力，不能及时拿到全款甚至是无法追回剩余款项，就会造成收尾阶段的延长，导致此工

程项目迟迟无法完结。而每拖延一天时间，都会产生一天的成本，毕竟欠款回收是需要专门工作人员去负责的，这就使得收尾阶段的成本不断增加。因此，必须重视竣工结算的管理，但在具体操作过程中，企业的竣工结算依然存在种种问题。比如，对于竣工结算所需要的相关资料，企业没有及时准备完全，这就给甲方拖延付款时间的借口，严重者甲方还会以此为借口向建筑施工企业索赔。另外，很多工程项目的建设都是由建筑施工企业先行垫付所需资金，项目完结后再由甲方付清，但由于国家对这方面的监管力度不够，给甲方拖延付款时间的机会，从而导致建筑施工企业收尾阶段成本的提升。

三、加强建筑施工企业收尾阶段成本管理的措施

（一）完善收尾阶段成本管理机制

完善的成本管理机制是保证管理效果的基础，毕竟收尾阶段的成本管理涉及不仅较多环节，也涉及很多利益相关者。只有对此阶段的成本管理工作做出明确的制度规定，相关工作人员才能依度而行，做到有理有据，避免出现忽视某些环节或者找错管理重点的情况。鉴于此，建筑施工企业的管理者首先要做的就是重视收尾阶段的成本管理，改变之前的轻视或忽视状态。只有从心理上重视起来，相关机制建设才能随之完善起来。其次，需要参考国家关于工程项目收尾阶段成本管理的法律政策，再结合企业自身情况制定出适应性较强、匹配度较高的管理制度。比如对于竣工验收、工程回款等工作要如何推进，工作人员职责如何分配以及相应的奖惩措施等。利用制度手段规范工作人员的行为，提高工作效率，从而确保成本管理效果。

（二）合理安排收尾阶段的人员物资

为减少人员物资分配不当带来的收尾阶段成本的增加，必须对其进行合理安排。人员方面，虽说到了收尾阶段，许多工作人员可以被抽调到其他项目中去，但必须保证被抽调的工作人员在调走之前已将自己所负责的工作内容与剩余人员交接清楚，特别是一些资料的完善和保存，这样在后续工作需要时就能及时找到，减少时间耽误，提高工作效率。物资方面，对于可以长期使用的机器设备等固定资产，在确保本项目已经用不到的情况下，需要在进行必要的保养修整之后，将其应用于其他适用的工程项目，避免设备进度迟缓带来的成本增加；对于原材料等剩余物资，先行查看是否可以用于其他工程项目，若是可以，则尽快将之运往新项目参与建设，避免浪费，若是不可以，则先将其妥善放置在仓库等地方储存起来，以免发生损坏，造成成本的增加。

（三）加大对工程款的回收力度

工程款能否顺利回收关乎建筑施工企业收尾阶段的成本管理效果，鉴于此，需要加大工程款的回收力度。首先，在项目即将结束需要进行工程款回收时，企业就应该将之作为主要工作进行，通过与工商、税务等机构或者或合作伙伴沟通，了解甲方信誉、以往付款情况等，并根据所了解的情况制定合适的款项回收方案，再指派工作人员专门负责此项工作，以保证工程款的顺利回收。其次，对于已竣工未结算的项目，更是需要加大欠款催回

力度，可以由企业的专业部门推进此工作。比如以之前签订的合同为依据，督促甲方尽快付清欠款，若是拒不付款甚至出现工程款纠纷，那就可以通过法律途径维护企业权益，利用法律的强制性手段促使甲方付清工程款。

综上所述，建筑施工企业收尾阶段成本管理的重点在剩余资源的管理、工程项目资料以及竣工结算的管理等方面，且管理现状并不乐观。为此，可以采取完善收尾阶段成本管理机制、合理安排收尾阶段的人员物资以及加大对工程款的回收力度等措施提高成本管理效果。

第三节　建筑工程收尾项目管理流程与财务工作要点

在中国经济体制不断改变发展的形式下，建筑施工企业的发展时刻面临着机遇与挑战。想要立足于市场，不被市场竞争所淘汰，需要采取一定的措施和方法来确保建筑施工企业朝着健康的方向发展。施工企业的财务经济管理水平是影响建筑业发展的一个重要因素，也就使得加强企业的财务管理成了建筑施工企业一个关注的重点。在工程建设的收尾阶段，财务管理是非常关键的工作内容，加强对收尾项目财务管理工作，在控制建设成本支出，提高资金使用率，防范项目结算风险，妥善办理资产移交工作，巩固项目建设成果，促进实现项目工程价值最大化，保证项目整体质量等方面具有不可忽视的作用。本节就建筑施工企业的工程项目在交付后，涉及的财务管理方面工作谈了几点看法，即：组成收尾项目的工作小组；企业各部门应监管督查、协助配合拟撤销的项目经理部收尾工作人员做好收尾的各方面工作；收尾项目的财务管理。

工程项目收尾阶段的财务管理工作体现了项目财务管理所要求的及时性和持续性的运营，收尾项目的财务管理工作也一直是项目管理的核心内容。"好的收尾"和"好的开始"同样重要，项目如期结束，是后续的经营成果和财务运营的良好基础。建筑施工企业为加强工程项目的后期管理，应规范工程项目收尾工作，闭合项目管理链，加大对项目后期变更索赔管控力度，减少项目收尾阶段的管理成本支出，优化项目后期人员结构，防范经营风险，维护企业信誉和整体利益。

一、收尾项目的判定标准

"收尾项目"是指处于工程项目初验或开通交付日至项目满足终结条件并经企业批准移交、撤销的时段的工程项目部。项目部满足下述条件中的任何一条即可确认为收尾项目：

工程的实体（含变更索赔设计部分）已按照前期规划设计、业主签订合同、业主已批复的变更索赔方案要求完成（主体完工）；

（1）除特殊情况外（如产生合同纠纷及其他特殊情况），项目不再发生工程直接成本（不包含收尾后发生的返修成本和审计扣除成本等）；

（2）除特殊情况外（如产生合同纠纷及其他特殊情况），项目所有与供应商、劳务协作队伍结算完毕且无争议；

（3）项目主要人员或项目90%以上人员已经撤离；

（4）企业工程项目收尾工作领导小组认定为收尾项目的。

二、组成收尾项目的工作小组

建筑施工企业对拟撤销的工程项目经理部，成立由企业主管领导带头，经营管理、财务会计、物资机械设备、工程管理、办公室等部门负责人，以及被撤销项目部项目经理及其相关部门负责人组成收尾工作管理小组（以下简称工作小组）。同时，企业应设立收尾项目管理中心，为项目收尾阶段管理的主管机构（以下简称"收尾中心"），具体负责根据工程项目进展及交验情况、收集项目交验、进入收尾阶段的基本信息，以及对纳入收尾中心管理的项目实施日常监督管理工作。

收尾项目管理应建立联合管理机制，加强各部门协调联动，对所有收尾项目实行"公司收尾中心统一管理，各部门督办执行，项目部承办夯实"为原则进行管理。原则上由项目经理负责，收尾中心经营、财务等有关部门指定人员向企业上报相关资料。

三、企业各部门应监管督查、协助配合拟撤销的项目经理部收尾工作人员，做好收尾的各方面工作

（一）收尾项目的现场施工工程管理

收尾项目的工程管理是指工程主体交工后，项目部要接着完成一些剩余的尾留工程、进行缺陷责任期工程维修保养、完成竣工文件（含技术总结等）编制及移交，直至工程竣工验收。

（二）收尾项目的经营管理

收尾项目的经营人员负责业主合同管理（计量、变更、索赔、调差情况）、对外经营合同（结算、补偿、纠纷）、当前预收、预计成本情况和预计完工预收、预计成本情况、项目经营情况分析（包含标后预算切块与实际差异对比分析）、施工产值、营业收入与计量差异分析等。收尾项目的经营人员盘点并清理变更、索赔、材料调差上报批复情况及具体金额；根据工程技术部门提供的资料，统计实际完成工程量情况；收尾项目的经营人员核实与业主的债权债务关系；盘点与所有工程劳务队伍及其他组织或个人是否结算完毕且签订最终结算协议；根据物资部门提供的资料，统计所有供应商、机械设备租赁方的最终结算情况；清理与各方的债权债务关系及争议排查。

（三）收尾项目的物资和设备管理

1. 收尾项目的物资管理

材料方面：负责将甲方业主所提供材料的对账单核对签认，同时对所有自购材料的手续进行完善（材料出入库点收单、材料发票、材料动态盘点表等），并将工程剩余材料出

售或退货，使库存剩余材料尽可能减少到最低存量，经工作小组协调将剩余材料按市场协议价有偿调拨到企业所属其他项目；租赁周转材料全面清点后向租赁方移交，并办理好租赁费清算手续；自购周转材料列示清单由工作小组按市场协议价有偿调拨给企业租赁公司统一管理。上述手续齐备后交收尾项目财务会计部门进行账务处理。

机械方面：项目物资人员负责对租赁机械设备维修后向租赁方归还，并办理租赁费用清算手续；工作小组负责将自购机械设备按财务账面净值清算后，向企业租赁公司作有偿调拨；工作小组负责监督不够固定资产管理的生产工具、备品已全额摊销进入成本或兼用，并做出移交清单，经协调后按协议价有偿调拨给企业租赁公司。上述手续齐备后交项目财务会计部门进行账务处理。

2. 收尾项目的设备管理

（1）收尾项目要对交工验收后项目的固定资产进行盘点登记，由收尾中心协调物资部门和财务部门商议固定资产处理办法；

（2）对于低值易耗品的盘点，项目要登记造册，建立台账，由收尾中心协调相关部门商议处理事宜；

（3）收尾项目在将项目移交收尾中心前，由收尾中心、项目物资设备部、综合办公室等部门将项目剩余材料及达到处置标准的资产进行相应处理。项目收尾人员不足时，机关相关部室应予以配合；

（4）项目物资部门要盘点与所有供应商、机械设备租赁方是否结算完毕且签订最终结算协议；清理与各方的债权债务关系及争议排查；

（5）收尾中心应会同其他相关部门共同盘点固定资产（项目人员较少时公司应派人监盘），盘点单应与公司相关部室核对并提请处理，资产调动必须办理交接手续并报公司财会部进行账务处理，项目应保存交接手续备查。此外可能存在项目申请调离固定资产，但是找不到接收单位的情况，从而造成固定资产继续在项目列折旧的情况，对此公司物资设备部应根据公司整体项目情况、固定资产的状态，及时合理的调配收尾项目的固定资产；

（6）项目的资产管理制度方面应明确指定废旧物资、行政资产及其他剩余资产的责任人，该责任人应对项目废旧物资的缺失损毁负直接责任，否则项目资产或废旧物资就可能出于无人负责的状态，因此项目资产管理的关键岗位人员必须是与公司订立正式劳动合同的人员。

四、收尾项目的财务管理

建筑施工企业的收尾中心受理各撤销机构的债权、债务后独立核算，财务工作移交后的管理如下：

（一）收尾中心设立完工项目账套

收尾中心设立完工项目账套，对收尾项目后期发生的经济业务进行核算。账套应设置项目辅助账，收入、成本、费用分项目入账，遵循"谁受益，谁负担"的原则，如实反映各项目的经营业绩，保证项目考核的客观、准确。确实加强完工项目后续人员配备、设备调离、结算情况及后续发生成本费用的控制，降低完工项目后续成本费用、切实提高完工项目的盈利或降亏水平。编制完工项目成本费用预算计划，使得各项成本费用能够控制在预算范围内。

（二）完工项目账套由专人负责并履行职责

（1）及时准确的进行收尾项目的财务核算，按月确认收入、成本等，并按规定上报各类财务报表及财务分析；

（2）按月将收尾项目的盈亏情况和债权债务清理情况报公司财务经理和总会计师，以便公司领导及时准确地掌握收尾项目的财务状况并提出处理意见；

（3）财务会计账目移交后，原项目相关负责人仍为第一责任人，应和业主保持联系，继续做好变更索赔、后期计量、款项回收、质保金及保函回收、业主审计及其他遗留工作，直至该项工程所有的业务结束为止。要积极主动完成项目后续工作，不得以公司收回完工项目财务账为理由推卸责任，疏于后期管理；

（4）负责收尾项目开支费用报销审核，并交公司总会计师审核，经公司总经理批准后，交公司财务部出纳付款；

（5）负责收尾项目年度费用预算审核，并跟踪费用使用节超情况，汇报给原项目经理、公司财务经理、公司总会计师，以便公司领导及时了解相关费用情况；

（6）协助办理收尾项目银行账户延期、销户相关事宜；

（7）协助办理收尾项目《跨区域涉税事项报告表》相关事宜；

（8）领导交办的其他事项。

（三）收尾项目重点关注资金管理和债权债务清理

1. 收尾项目的资金管理

由于后期人员较少，从资金管理上更需严格要求。项目收尾阶段资金主要来源于业主支付的工程计量款和项目资产处置收入，资金流入金额相对也较小。资金支付主要是项目后期的间接费用和已结算应付的工程及材料款、质保金等，所以必须做好后期收尾项目的资金管理和规划。

（1）银行存款的管理。

当项目符合收尾项目认定条件时，尽量协商业主单位进行销户，银行存款全部转回企业账户，后续收款根据业主要求汇入企业账户。项目需要支付后期款项时，走汇款手续，由企业审核后予以支付。如业主不同意销户的，应根据在建项目银行账户管理要求执行。

（2）最终结算与各类保证金的收回工作。

企业收尾中心与项目留守人员应加强与业主沟通，尽快进行与业主的终期结算和各种保证金的退回工作。

（3）后期与施工队伍和供应商的结算工作。

对劳务队伍和材料供应商的后期支付，必须经过对账后，核对结算情况是否正确，并检查以往支付手续是否齐全，末期结算和支付必须依据企业有关文件规定，办理好终期结算相关手续。

（4）清理财务账面挂账的各类应收款项工作。

对于挂账备用金、应收押金、垫付款、代付款等必须及时清理。

2. 收尾项目的债权债务清理

收尾项目应及时清理各种债权债务。对涉及职工个人的款项如备用金、差旅费借款、应付未付工资（不含项目领导承包兑现奖）等必须全部收回或支付完毕。应收款项中除业主外的其他应收款项必须全部回收完毕。

企业收尾中心按月上报公司收尾项目债权债务清理情况。清理内容包括：往来账及合同的全面核对、清理、结算，质保金以及其他款项的扣还、收回等，以防止多支付、超支付和重复支付的问题发生。

建筑施工企业下属施工项目的流动性和地域性决定了项目财务管理的跨度大周期长，而随着施工规模的扩张，进入收尾管理的工程项目也会越来越多。因此要从源头控制，以项目综合管理为中心，持续关注经营财务指标，使收尾项目始终处于可控状态，有序完成收尾阶段工作计划，实现项目最终经营成果效益最大化，从而使企业持续健康发展壮大。

加强对收尾项目财务管理工作，在控制建设成本支出，提高资金使用效率，防范项目结算风险，妥善办理资产移交工作，促进实现项目工程价值最大化，保证项目整体质量等方面具有不可忽视的作用。加强施工企业收尾项目财务管理的措施，旨在保证项目资金的完整性和有效性，实现施工企业的可持续健康发展。

参考文献

[1] 赵志勇.浅谈建筑电气工程施工中的漏电保护技术 [J].科技视界，2017（26）：74-75.

[2] 麻志铭.建筑电气工程施工中的漏电保护技术分析 [J].工程技术研究，2016（05）：39+59.

[3] 范姗姗.建筑电气工程施工管理及质量控制 [J].住宅与房地产，2016（15）：179.

[4] 王新宇.建筑电气工程施工中的漏电保护技术应用研究 [J].科技风，2017（17）：108.

[5] 李小军.关于建筑电气工程施工中的漏电保护技术探讨 [J].城市建筑，2016（14）：144.

[6] 李宏明.智能化技术在建筑电气工程中的应用研究 [J].绿色环保建材，2017（01）：132.

[7] 谢国明，杨其.浅析建筑电气工程智能化技术的应用现状及优化措施 [J].智能城市，2017（02）：96.

[8] 孙华建.论述建筑电气工程中智能化技术研究 [J].建筑知识，2017，（12）.

[9] 王坤.建筑电气工程中智能化技术的运用研究 [J].机电信息，2017，（03）.

[10] 沈万龙，王海成.建筑电气消防设计若干问题探讨 [J].科技资讯，2006（17）.

[11] 林伟.建筑电气消防设计应该注意的问题探讨 [J].科技信息（学术研究），2008（09）.

[12] 张晨光，吴春扬.建筑电气火灾原因分析及防范措施探讨 [J].科技创新导报，2009（36）.

[13] 薛国峰.建筑中电气线路的火灾及其防范 [J].中国新技术新产品，2009（24）.

[14] 陈永赞.浅谈商场电气防火 [J].云南消防，2003（11）.

[15] 周韵.生产调度中心的建筑节能与智能化设计分析——以南方某通信生产调度中心大楼为例 [J].通信世界，2019，26（8）：54-55.

[16] 杨昊寒，葛运，刘楚婕，张启菊.夏热冬冷地区智能化建筑外遮阳技术探究——以南京市为例 [J].绿色科技，2019，22（12）：213-215.

[17] 郑玉婷.装配式建筑可持续发展评价研究 [D].西安：西安建筑科技大学，2018.

[18] 王存震.建筑智能化系统集成研究设计与实现 [J].河南建材，2016（1）：109-110.

[19] 焦树志.建筑智能化系统集成研究设计与实现 [J].工业设计，2016（2）：63-64.

[20] 陈明，应丹红.智能建筑系统集成的设计与实现 [J].智能建筑与城市信息，2014（7）：70-72.